外来入侵生物防控系列丛书

外来入侵物种问答

◎ 付卫东　张国良　黄宏坤　等著

中国农业科学技术出版社

图书在版编目（CIP）数据

外来入侵物种问答／付卫东，张国良，黄宏坤等著. —北京：中国农业科学技术出版社，2020.10（2025.8重印）
（外来入侵生物防控系列丛书）
ISBN 978-7-5116-5051-1

Ⅰ.①外… Ⅱ.①付…②张…③黄… Ⅲ.①外来入侵植物-问题解答 Ⅳ.①Q16-44

中国版本图书馆 CIP 数据核字（2020）第 187347 号

责任编辑　闫庆健
责任校对　贾海霞

出 版 者	中国农业科学技术出版社 北京市中关村南大街 12 号　邮编：100081
电　　话	（010）82106632（编辑室） （010）82109702（发行部） （010）82109709（读者服务部）
传　　真	（010）82106625
网　　址	http://www.CASTP.cn
经 销 者	各地新华书店
印 刷 者	北京建宏印刷有限公司
开　　本	880mm×1 230mm　1/64
印　　张	3.25
字　　数	63 千字
版　　次	2020 年 10 月第 1 版　2025 年 8 月第 3 次印刷
定　　价	20.00 元

版权所有·翻印必究

《外来入侵物种问答》
著者名单

付卫东　张国良　黄宏坤
宋　振　张宏斌　陈宝雄

内容提要

《外来入侵物种问答》以普通读者关心的问题为切入点，以科普知识的形式对外来入侵物种生物学习性、生态学特性、危害、传播途径、本底调查、监测方法、防治手段等进行了系统讲解。本书结合我国农业生产实践，明确了外来入侵物种监测预警和防治策略，并对严重危害我国的几种代表性外来入侵物种的防治措施进行了系统介绍。本书深入浅出、用简洁明快的文字和公众喜闻乐见的问答形式，宣传最新的外来入侵物种防控政策法规与科研成果，对推动外来入侵物种防治技术的科学应用与管理具有积极的意义。

前　　言

　　生物入侵已成为造成全球生物多样性丧失和生态系统退化的重要因素。我国是世界上生物多样性最为丰富的12个国家之一，同时也是遭受外来生物入侵危害最为严重的国家之一。开展入侵物种防控已成为生物多样性保护与农业绿色发展的重点工作。2013年我国农业农村部发布《国家重点管理外来入侵物种名录（第一批）》，收录了52种对生态环境和农林业生产具有重大危害的入侵物种，包括21种植物、27种动物和4种微生物。外来入侵物种严重威胁农业、牧业、林业的健康发展，而防范外来物种入侵，需要全社会的共同努力。通过多年基层调研发现,针对基层农技人员和普通农民群众防控外来入侵生物科普知识和适用技术读本较少,因此,结合农业农村部第一批重点外来入侵生物管理名录,近几年我们组织编写了"外来入侵生物防控系列丛书",免费发放给全国各省环保系统的管理技术人员。

在实际工作中,通过走访调查,与广大农业科研与推广技术人员、农民朋友一起,梳理外来入侵物种防控知识点,结合我们已经颁布的外来入侵物种普查、监测农业行业标准,总结归纳出 152 个外来入侵物种防控相关问题。本书以问答的形式撰写而成,通俗易懂、深入浅出,让普通民众关注外来入侵物种,了解防治策略,做到群防群治。在全社会的共同努力下,让更多的社会普通民众了解外来入侵物种的危害,自觉参与到防控外来物种入侵的战役中来,为建设美好家园贡献力量。

本书在编写过程中得到了农业农村部科技教育司、农业农村部农业生态与资源环境保护总站等单位的大力支持，在此表示衷心的感谢！

本书由农作物病虫鼠害疫情监测与防治项目（农业外来入侵生物防治）（20130108）、国家自然科学基金面上项目：（41977203）、国家自然科学基金青年项目：（41501280）（41807404）资助出版。

书中不妥不足之处，恳请希望广大同人和读者批评指正。

著　者
2020 年 8 月

目 录

一、基本概念 …………………（1）
001. 什么是外来物种? …………（1）
002. 什么是入侵物种? …………（2）
003. 什么是外来入侵物种? ……（2）
004. 什么是归化物种? …………（3）
005. 什么是本地物种? …………（3）
006. 什么是栽培种? ……………（4）
007. 什么是逸生植物? …………（4）
008. 什么是杂草? ………………（5）
009. 什么是有害生物? …………（5）
010. 什么是检疫性有害生物? …（6）
011. 什么是生物入侵? …………（6）

二、基础知识 ……………………（7）

012. 外来入侵物种与本地种的主要区别是什么？………（7）

013. 外来物种与外来入侵物种之间的区别？………（8）

014. 外来物种都是有害的吗？
………………………………（10）

015. 我国目前有多少种外来入侵物种？……………（11）

016. 我国具有代表性的入侵植物都有哪些？………（12）

017. 发现或者怀疑是外来入侵物种该怎么处理？………（13）

018. 为什么公民从国外旅行回国不能随身携带种子、鲜花、鲜肉、木质玩具等？………（14）

019. 外来物种的入侵过程分几个阶段？………………（15）

020. 外来物种容易入侵哪些生境？

.... (17)

021. 造成生物灾害的外来入侵物种具有什么特点？……… (18)

022. 外来植物成为入侵杂草所具备的特征是什么？……… (19)

023. 外来入侵物种一般具有哪些生态学特点？……… (20)

024. 容易遭到入侵的生态系统的共同特点是什么？……… (22)

025. 外来入侵物种入侵我国后，表现出来的主要特点是什么？……… (23)

026. 为什么近年来传入我国的外来入侵物种越来越多？
.... (24)

027. 什么是植物检疫？……… (26)

028. 如何防止外来有害物种入境？……… (28)

029. 国内与外来物种防控相关的

法律、条例或管理办法有
哪些？……………………（29）
030. 对从国（境）外引进种子、
苗木进行审批的法律依据
是什么？…………………（30）
031. 如何办理国外引种检疫审批
手续？……………………（31）
032. 从国外引进种子、苗木等
繁殖材料，需要符合哪些
检疫要求？………………（32）
033. 检验检疫能阻止外来物种
入侵吗？…………………（33）
034. 中国哪些机构管理外来入侵
物种？……………………（34）

三、生物入侵过程 ……………（37）
035. 外来物种是通过哪些途径
传入我国的？……………（37）
036. 什么是引种？……………（38）

037. 什么是有意引进？……………（39）

038. 什么是无意传入？……………（39）

039. 外来物种自然传播途径除通过自身繁殖入侵外，还可以通过哪些媒介进行传播？……………………（40）

040. 有意引种都包括哪些方面？……………………………（41）

041. 外来物种无意传入的途径有哪些？………………（43）

042. 一般外来入侵物种从进入到暴发需要多长时间？………（44）

043. 什么是时滞？…………………（45）

四、生物入侵理论 ……………（46）

044. 什么是多样性阻抗假说？……………………………（46）

045. 什么是天敌逃逸假说 ………（47）

046. 什么是生态位假说？………（48）

047. 什么是增强竞争力进化假说？………………………（49）

048. 什么是资源机遇假说？……（50）

049. 什么是氮分配进化假说？……………………………………（51）

050. 什么是新武器假说？………（52）

051. 什么是干扰假说？…………（53）

052. 什么是内禀优势假说？……（54）

053. 什么是繁殖体压力？………（54）

054. 什么是"十数定律"？………（55）

055. 什么是奠基者效应？………（56）

056. 什么是"阿利"效应？………（57）

五、生物入侵危害 ………………（59）

057. 外来入侵物种的主要危害有哪些？………………………（59）

058. 外来入侵物种对农林业生产

的主要危害有哪些？ ……… (60)

059. 外来物种入侵对生态环境和生物多样性的影响有哪些？
    ……………………………… (61)

060. 外来入侵物种对畜禽养殖的主要危害有哪些？ ………… (62)

061. 外来入侵物种对人类健康及社会活动的主要影响有哪些？ ……………………… (63)

六、适生区分析与风险评估 ……… (65)

062. 什么是外来物种的适生区？
    ……………………………… (65)

063. 预测外来入侵物种适生区分析的模型都有哪些？ …… (65)

064. 什么是外来有害生物风险评估？ ……………………………… (66)

065. 如何开展外来物种有害

生物风险评估？……………（66）

066. 外来物种风险评估的起点应该包括哪几方面？………（67）

067. 建立外来物种多指标评价体系应遵循的原则是什么？
……………………………………（68）

068. 影响外来物种入侵成功的因素有哪些？……………（70）

069. 外来物种风险评估指标体系框架结构包括哪几方面？
……………………………………（72）

070. 对外来入侵物种风险怎样管理？……………………（73）

七、外来入侵植物的普查 ………（75）

071. 外来入侵物种调查方法有哪些？……………………（75）

072. 什么是特定场地调查？……（76）

073. 什么是特定物种调查？……（77）

- 074. 什么是普查？ ……………（78）
- 075. 对外来入侵植物实施普查的必要性有哪些？ …………（78）
- 076. 外来入侵物种进行普查应遵循哪些原则？ ……………（79）
- 077. 对外来入侵物种的普查有哪几种类型？ ………………（81）
- 078. 如何划分外来入侵物种的普查区域？ …………………（81）
- 079. 如何对外来入侵植物进行普查？ ………………………（82）
- 080. 外来入侵物种普查工作应该由谁负责实施？ …………（83）
- 081. 采用踏查的方法进行外来入侵植物的基本发生情况调查具体应该如何去做？ ……………………………………（84）
- 082. 采用走访调查的方法进行

外来入侵植物的基本发生
情况调查具体应该如何
去做？ …………………（84）

083. 对外来草本植物普查时，
种群、群落特征的调查
该如何取样？ …………（85）

084. 对外来入侵植物进行种群
群落调查时抽样方法有
哪些？ …………………（86）

085. 对外来入侵物种普查时间
如何确定？ ……………（87）

086. 在外来入侵植物进行普查
过程中，如遇到不认识的
入侵植物应怎样处理？ …（88）

087. 在对外来入侵植物标本的
采集、运输、制作、保存
过程中应该注意哪些方面？
………………………………（89）

088. 如何评估外来入侵植物
对周围生态环境造成的
危害？ …………………………（90）
089. 如何估算外来入侵植物对
农业、林业、畜牧业等
造成的经济损失？ ……………（92）
090. 如何完成普查数据的上报
工作？ …………………………（94）
091. 普查原始数据应该如何
保存？ …………………………（95）

八、外来入侵植物监测 …………（96）
092. 什么是外来入侵物种监测？
………………………………（96）
093. 外来入侵植物的监测区如何
确定？ …………………………（96）
094. 对外来入侵植物进行监测
主要包括哪些内容？ …………（97）
095. 如何划分外来入侵植物的

发生点、发生区、监测区？
.... （98）

096. 在外来入侵植物发生区和潜在发生区进行定点监测，怎样确定监测点？ .... （99）

097. 在外来入侵植物发生区进行监测如何设置监测样地？
.... （99）

098. 选择什么时间对外来入侵植物监测调查？ .... （100）

099. 外来入侵植物的监测方法有哪些？ .... （101）

100. 在外来入侵植物发生区如何对外来入侵植物种群进行监测调查？ .... （102）

101. 在外来入侵植物发生区如何对外来入侵植物种子库进行监测调查？ .... （104）

102. 在外来入侵植物潜在发生区

如何实现对外来入侵植物的监测？ …………………………… (105)
103. 如何计算某一种外来入侵植物的发生面积？ ………… (106)
104. 什么是外来水生入侵植物？ …………………………………… (108)
105. 如何对外来水生入侵植物进行分类？ ……………… (108)
106. 在外来水生植物发生区监测点（行政村），对外来水生入侵植物的监测内容包括哪些？ ……………… (110)
107. 在外来水生植物发生区监测点怎样对生境进行监测？ …………………………………… (110)
108. 如何测定外来水生入侵植物单位面积的生物量？ ……… (111)
109. 如何评估由于外来水生植物入侵而造成的经济损失？

·················· (113)

九、安全性评估 ·············· (115)

110. 什么是外来草本植物的安全性评估？·············· (115)
111. 什么情况下启动外来草本植物的安全性评估？········ (115)
112. 对外来草本植物安全性评估的内容包括哪些？······ (116)
113. 怎样对外来草本植物的基本情况进行评估？········ (117)
114. 怎样对外来草本植物的生物学属性进行评估？······ (118)
115. 怎样对外来草本植物的繁殖与扩散能力进行评估 ·············· (118)
116. 怎样对外来草本植物的环境危害进行评估？········ (119)
117. 怎样对外来草本植物的

危害控制进行评估？ …………（120）
118. 怎样建立外来草本植物安全性评估指标体系？应遵循什么原则？ …………………（121）
119. 如何确定外来草本植物的安全性评估风险值？ ……（122）
120. 怎样划分外来草本植物安全性评估风险等级？ ……（123）
121. 如何对外来草本植物性评估的风险进行管理？ ……（123）

十、外来入侵植物防控 ……………（126）

122. 对外来入侵植物防治原则和策略是什么？ ……………（126）
123. 对外来入侵植物常用的防控技术措施有哪些？ …………（127）
124. 如何对外来入侵植物进行物理防治？ ………………（129）
125. 农业防治外来入侵植物的

措施有哪些？……………（130）

126. 对于外来入侵植物，农民在农艺操作中可采取哪些防治措施？……………（133）

127. 如何对外来入侵植物进行化学防治？……………（134）

128. 在外来入侵植物发生的所有生境都可以喷施化学除草剂吗？该如何选择和使用化学除草剂呢？……………（135）

129. 使用化学除草剂的优点和缺点是什么？为什么有些农户宁愿选择"人工除草"也不施用除草剂？…………（136）

130. 怎样对化学除草剂进行分类？……………（137）

131. 使用化学除草剂防治外来入侵植物的注意事项有哪些？……………（138）

132. 如何对外来入侵植物进行生物防治？ …………… (139)
133. 利用天敌控制外来入侵植物在实际应用中可能会遇到哪些难题？应该采用什么方法克服？ …… (140)
134. 什么是外来入侵植物的替代控制？ …………… (142)
135. 对外来入侵植物进行替代控制的理论基础是什么？ ………………………… (143)
136. 筛选替代植物应该遵循什么原则？ …………… (144)
137. 怎样对替代植物进行筛选？ ………………… (145)
138. 对外来入侵植物进行替代控制，如何评价替代效果？ ………………………… (147)

139. 什么是外来入侵植物的资源化利用？ ……………… (148)
140. 对外来入侵植物进行资源化利用有哪些常用方式？ …… (149)
141. 如何对外来入侵植物进行综合治理？ ………………… (154)
142. 如何进行生境管理？ ……… (155)

十一、外来入侵植物根除 ………… (157)

143. 什么叫外来入侵植物的根除？ ……………………… (157)
144. 在什么样情况下可以采用根除技术？ ………………… (157)
145. 实施对外来入侵植物根除应遵循的程序有哪些？ …… (158)
146. 对外来入侵植物实施根除过程包括哪些？ …………… (159)
147. 对外来入侵植物实施根除

时应成立根除工作组,工作组的组成成员都包括哪些领域的专家?工作组的任务职责是什么? …………… (160)
148. 为保证根除工作的顺利实施,外来入侵植物根除工作组应从哪几方面对初步根除意见进行审查? ……… (161)
149. 外来入侵植物根除工作组对根除计划审查包括哪些内容? ………………………… (163)
150. 怎样执行外来入侵植物根除计划? ………………………… (164)
151. 在对外来入侵植物实施根除过程中能否对根除计划进行修订? ………………… (166)
152. 对外来入侵植物实施根除完成后,应该怎样对根除效果进行核实? ……… (167)

参考文献 ……………………………… （168）

一、基本概念

001 什么是外来物种？

外来物种（Alien species）也称非本地种、非土著种。在自然界中，自然分布于某一地域的这些物种，叫作本地物种。而与本地物种相对应的就是外来物种，即不是本地自然发生和进化的物种，而是通过不同途径（自然扩散、有意引进、无意进入）从其他地区传播扩散进来的物种。

世界自然保护联盟将外来物种定义为：指那些出现在其过去或现在的自然分布范围及扩散潜力以外的物种、亚种或以下分类单元，包括所有可能存活，继而繁殖的部分、配子或繁殖体。

002　什么是入侵物种？

入侵物种（Invasive species）是指那些通过传播扩散在相邻或相近新生境中定殖并成为优势种的本地和外来物种的统称，这些物种对当地生态系统或景观造成明显损害或影响。入侵物种包括本地入侵物种和外来入侵物种，入侵物种强调的是对生态系统的影响强度，通常意义上入侵物种可能造成生态系统功能的缺失或者改变。

003　什么是外来入侵物种？

外来入侵物种（Alien invasive species）指那些能在新发生地区的自然或半自然生态系统中，不需要人类或者其他力量进行帮助，能自我延续种群，其种群数量、丰度及分布范围快速增长，并给当地生态系统、生物多样性及依赖于这些生态系统的经济活动、人类健康造成威胁和危害的外来物种。

004 什么是归化物种？

归化物种（Naturalized species）是指扩散到自然生境并形成自我维持种群的外来物种。归化物种如果丰富度增加并对当地动植物造成危害就会成为入侵物种。根据传入或侵入的途径，归化物种可分为三类：自然归化物种、人为归化物种、史前归化物种。

005 什么是本地物种？

本地物种（Native species）也称之

为土著种（Indigenous species）或当地种（Local species），是指那些出现在过去或现在的自然分布范围及扩散潜力以内（即在自然分布范围内，或在没有人类直接或间接引入或照料的情况下而可以存活的范围内）的物种、亚种或以下的分类单元。

006 什么是栽培种？

栽培种（Cultivated species）是指具有经济价值，遗传性状稳定，生产上广泛栽植的作物种类。

007 什么是逸生植物？

逸生植物（Feral plant）是指栽培作物通过自然选择适应当地的环境在野外形成自然更新的种群。逸生植物强调从栽培状态转变为野生状态的过程，逸生植物可以是外来植物，也可以是本地植物。

008 什么是杂草？

杂草（Weed）指那些生长在人类不需要它们的地方，通常会造成可察觉的经济或环境负面影响的植物物种。

009 什么是有害生物？

有害生物（Pest）指对植物和植物产品有害的植物、动物或病原体的种（品）系或生物型。通俗地说，任何对人体健康、农业生产和生态环境有害的生物都是有害生物，但这里所指的有害生物主要是指对农作物及其产品和生态环境中的植物有害的生物。

010　什么是检疫性有害生物？

检疫性有害生物（Quarantine pest）指对受威胁的地区具有潜在的经济重要性，在该地区尚不存在，或者存在并非广泛分布且正在进行官方防治的有害生物。

011　什么是生物入侵？

生物入侵（Biological invasion）指某一生物借助某种自然的或人为的途径从原来分布的区域扩散到另一个新的（通常也是遥远的）区域，在新区域中，其后代可以繁殖、扩散并维持下去，进而给该地的生态环境、经济发展及人类的身体健康等构成威胁或造成危害的复杂的链式过程。

二、基础知识

012 外来入侵物种与本地种的主要区别是什么?

外来入侵物种与本地种均是针对一个生态系统而言的,一个稳定的生态系统是经过长期演化形成的,其中的动植物适应了当地的自然地理气候条件,于是其物种之间形成复杂的相互作用关系,使得生态系统能够自我维持。本地种在长期进化过程中成为生态系统中的一个功能群,它们在生态系统中占据一定的区域或生境,已经成为当地动植物区系的组成部分。外来入侵物种一旦进入其自然分布范围以外的生态系统中,并能快速繁殖，并对当地生态或者经济造成破坏，扰乱已有的生态系统平衡。外来入侵物种常常会造成本地物种多样性不可弥补的损失或一些物种的灭绝，形成对生物多样性保护与持续利用及人类生存环境的威胁。

013 外来物种与外来入侵物种之间的区别？

外来物种并不等于外来入侵物种，例如国内广泛种植的番茄、胡萝卜等都是外来物种，但他们不是入侵物种。判断一个外来物种是否是外来入侵物种，首先要看它在进入新的生态系统后是否达到一定程度的优势，并破坏了生态系统平衡，威胁了本地物种的生存。有些外来物种进入新的生境后由于不能适应新的环境而不能形成自然种群，也不能称为外来入侵物种。其次要看该物种是否对社会经济和人类健康构成了不同程度的影响。所以,区别外来物种与外来入侵物种的关键在于这个物种是否对生态系统、社会经济和人类健康构成了威胁。例如,菊科入侵植物"黄顶菊",原产于南美洲,该物种能严重挤占其他植物的生存空间,有"黄顶菊"生长的地方,其他植物难以生存,一旦入侵农田,将威胁农牧业生产及生态环境安全,因此被列入"中国外来入侵物种名单";而同属于菊科植物的"万寿菊"原产于墨西哥,在国内主要用于观赏花卉引进,在公园、园林中很常见,且未对我国生态环境、农业生产等方面造成影响,虽为"外来但非入侵"植物。

014 外来物种都是有害的吗？

外来物种并不都是有害的，很多外来蔬菜和粮食作物的引入，极大地丰富我们的食物品种，比如胡萝卜、黄瓜原产于印度，生菜原产于欧洲地中海沿岸，辣椒的故乡是美洲，番茄原产于南美洲，这些物种的引进促进了我国饮食文化的发展。另外，还有粮食作物——玉米原产于墨西哥、秘鲁一带、小麦原产于西亚、马铃薯原产于南美洲安第斯山脉，药用植物——芦荟原产于地中海、非洲地区。这些外来物种的引入促进了我国的经济发展，小麦、玉米成为我国的主要粮食作物。

015 我国目前有多少种外来入侵物种？

2001年，生态环境部（原环境总局）组织的首次全国范围内的外来入侵物种调查，初步摸清我国有283种外来入侵物种。在2008—2010年生态环境部组织第二次全国外来入侵物种调查，查明我国有外来入侵物种488种。第二届国际生物入侵大会上发布数据表明，截至2013年我国外来入侵物种544种。在2013年马金双主编的《中国入侵植物名录》收录了文献中描述为入侵物种的植物806种，通过核定将其进行分类，减去中国国产类和建议排除类后的外来入侵植物为515种。2017年底，我国农林生态系统外来入侵物种已达630余种。2020年6月，生态环境部发布《2019中国生态环境状况公报》，显示已有660多种外来入侵物种入侵我国。我国已成为世界上遭受生物入侵危害最为严重的国家之一。

各部门为了加强对入侵物种的管理,相应提出了入侵物种名单,2013年农业部(现农业农村部)公布了一批(52)种"国家重点管理外来入侵物种名录";截至2016年,生态环境部公布了3批外来入侵物种名单,包含53种外来入侵物种。

016 我国具有代表性的入侵植物都有哪些?

我国发布的第一批外来入侵物种名单包括紫茎泽兰、薇甘菊、空心莲子草、豚草、毒麦、互花米草、飞机草、凤眼莲、假高粱;第二批外来入侵物种名单里有马缨丹、三裂叶豚草、大藻、加拿大一枝黄花、蒺藜草、银胶菊、黄顶菊、土荆芥、刺苋、落葵薯；第三批外来入侵物种名单里有反枝苋、钻形紫菀、三叶鬼针草、小蓬草、苏门白酒草、一年蓬、假臭草、刺苍耳、圆叶牵牛、长刺蒺藜草等。这些都是我国常见、具有代表性的外来入侵杂草。

017 发现或者怀疑是外来入侵物种该怎么处理？

外来入侵生物与本地生物并不能凭直观进行识别。但外来入侵生物必然具备"外来"和"有害"两个特征。如果发现某种动物或植物在当地造成了危害，而以前没有见过这种动物/植物或者确定这种动物/植物不是本地一直常有的，或者发现某种以前没有见过的病害，就有可能是一种外来入侵生物。当发现或者怀疑发生外来入侵生物后,应该及时、主动向当地农业、林业等主管部门上报,由主管部门对这种新发现的动物/植物/病害进行鉴定,确定是否发生外来生物入侵事件,是否启动应急预案。

018 为什么公民从国外旅行回国不能随身携带种子、鲜花、鲜肉、木质玩具等?

国际旅行是外来入侵物种进入我国的主要途径之一,公民旅行回国时携带的种子、鲜花都有可能造成无意识的外来入侵物种的传播,由于这些外来物种在国内没有天敌,一旦遇到合适的生境很容易形成种群扩散并造成危害;而携带的鲜肉、鲜花、木质玩具极有可能成为其他生物,比如寄生生物、境外害虫的虫卵或有害微生物的载体。这些有害生物往往通过这种方式随着人员流动无意识被携带进入我国，由于大家对这些被携带的动物、植物或微生物没有认识，很容易造成传播扩散从而引起潜在的风险。

目前，我国公众国际旅行越来越方便，也越来越频繁，由于大家对外来入侵物种的认识比较薄弱，对动植物认识相对较少，因此不能在国际旅行中携带种子、鲜花、鲜肉、木质玩具等有可能携带入侵物种的物品。

019 外来物种的入侵过程分几个阶段？

外来物种的入侵过程分为 4 个阶段，即传入期、定殖期、停滞期、扩散期。

传入期：非本地种从远距离的区域被有意或无意引入新的区域。随着全球经济一体化发展，人员和货物在全球各地区之间快速、大量流动,外来物种以旅客和货物(如花卉、蔬菜、水果、粮食、种子、木材、饲料等)为载体长距离旅行。在新环境下,外来物种开始适应传入地的气候和环境,依靠有性或无性繁殖建立新的种群。

定殖期:外来物种的个体进入新地区后,依靠有性或无性繁殖形成自然种群,再经过一定种群数量的扩增积累,已经适应本地气候和环境,开始规划为当地物种。

停滞期:很多外来入侵物种定殖后并没有马上大面积扩散、入侵,而是表现为"停滞"状态。也就是说,从初始种群建立到种群扩散和大暴发,往往要经历一个较为漫长的时间。其时间的长短有赖于初始种群的大小、该物种的生物学/生态学特性、新区域的环境条件以及当地群落对入侵物种的易感性,人为因素(如对入侵物种的携带和传播)的强度也至关重要。如薇甘菊在20世纪80年代初就已经传入广东深圳,但直到90年代后期它才开始造成危害。

扩散期:当外来物种形成了适宜于本地气候和环境的繁殖机制,具备了与本地物种竞争的强大能力,当地又缺乏控制该物种种群数量的生态调节机制时,该物种就大肆传播蔓延,形成"生态野性",并导致生态和经济危害。

020　外来物种容易入侵哪些生境?

(1)重要的港口、口岸附近,铁路、公路两侧。经国际货运、交通工具传入的外来物种最容易在这些地方定居、扩散。

(2)人为干扰严重的森林、草场。森林、草原生态系统本来是稳定的,严重的人为干扰如乱砍滥伐、过度放牧，使生态系统退化、多样性下降，给外来物种的入侵创造了良好的条件。

（3）物种多样性较低、生境较为简单的岛屿、水域、牧场。这些地方自然抑制力差，天敌数量少，外来物种容易生存、种群容易扩增。

（4）受突发性的自然干扰（如火灾、洪水等）破坏后的生境。

021 造成生物灾害的外来入侵物种具有什么特点？

（1）生态适应能力强。适宜的生活范围广，可以在多种生态系统中生存。

（2）繁殖能力强。入侵植物能产生大量的种子，或繁殖周期短，特别是具有很强的无性繁殖（如营养繁殖）能力，可以通过根、芽、茎、胚芽（或孢子）等大量繁殖。

（3）传播能力强。有的外来入侵物种的种子非常小，可随风和流水传播到很远的地方；有的种子可以通过鸟类或其他动物携带远距离传播；有的外来物种由于与人类的生活和工作关系紧密，很容易通过人类活动被无意传播；也有的外来物种外观美丽或具有经济价值，常被人类有意地传播。

022 外来植物成为入侵杂草所具备的特征是什么？

具有下列特征的外来入侵植物可判断为入侵杂草。

①生长发育快，成熟早；

②种子产量高；

③种子寿命长，在土壤中埋藏多年后仍能萌发；

④种子具有休眠特性，因而能周期性的萌发而避免同时萌发所带来的灭绝风险；

⑤分布广；

⑥常具有适应长距离传播的机制；

⑦能产生生物毒素以抑制其他植物的生长（化感作用）；

⑧种子的大小、形状、颜色与栽培作物的种子相似，有助于随栽培作物传播；

⑨营养繁殖体常能储藏大量养分；

⑩能在条件恶劣的环境中存活和繁殖；

⑪光合作用速度快。

023 外来入侵物种一般具有哪些生态学特点？

（1）具有广泛的适应性，可在多种

环境、气候下生长。如飞机草,在田间地头、水沟边、草场、山坡、林地、干旱贫瘠的荒坡地甚至墙头和石缝里都能生长,适应性很强。

(2) 繁殖能力强,生长速度快,种群密度高。薇甘菊茎上的一个节在夏季每天能生长 20 厘米,而一个节每年能萌发出 155 个节,合计一年可生长 1 000 多米。

(3) 可以通过多种方式传播。外来入侵物种一般具有很强的扩散性,传播途径多种多样。松材线虫等能通过运输的木材、木制包装甚至船上的木制部分进行传播扩散。少花蒺藜草带刺的种子能够轻易地附着在牲畜、人体、农机、车辆上四处扩散。

(4) 对干旱、污染等不利条件抵抗能力强。如水葫芦能够在重金属严重超标、严重富营养化的污水中生存。

（5）外来入侵物种比本地物种具有更大的遗传变异性，在入侵地可能通过自身变异或与当地物种杂交，获得更强的生长、繁殖、扩散能力，在与其他生物的竞争中占据优势。

024 容易遭到入侵的生态系统的共同特点是什么？

①有足够的可利用资源：必须有足够的可利用资源（包括食物、光照和水）才能成功入侵。在经常受到人类干扰或已经退化的生态环境中外来入侵物种比较容易扩张。紫茎泽兰在云南和四川造成严重危害，其入侵的就是大面积退化的草场。

②缺乏自然控制机制：繁殖力强的物种，在其原生地生态系统中必然有天敌生物，或以其为食，或寄生，或能够

与其竞争,或能分泌物质抑制其生长,控制种群数量。可是在引入(新入侵)地区如果没有这种自然控制机制,这些物种就有可能大量暴发。如水葫芦,引入我国后,由于天敌很少,危害严重;而在水葫芦原产地南美洲,却有200多种天敌昆虫取食水葫芦,未造成危害。

③人类干扰的频率高:人类干扰生态系统的频率与外来物种入侵的机会存在相关性。由于人类的频繁干扰,容易带入外来物种。同时,人类频繁活动常常使生态系统受到干扰,容易给外来物种入侵创造机会。

025 外来入侵物种入侵我国后,表现出来的主要特点是什么?

我国外来入侵物种主要特点表现为:
(1)涉及面广,全国大部分省、自

治区、直辖市均有分布。

（2）涉及生态系统多，涉及陆地、森林、农田、水域、湿地、草地、城市居民区等几乎所有的生态系统。

（3）入侵行为具有隐蔽性和突发性，一旦成功入侵，往往在短时间内大规模暴发，很难防范。

（4）入侵后的后果难以估量和预见，并可能引发一系列的连锁反应，难以甚至根本无法清除或控制，防除的代价和成本也非常高，当防除方法稍有不当或失灵时，入侵将可能变得难以控制。

026 为什么近年来传入我国的外来入侵物种越来越多？

①我国气候带跨度大：我国南北长5 500千米，跨50个纬度；东西长5 200千米，跨寒温带、温带、暖温带、亚热

带和热带 5 个气候带,自然环境条件、生态系统类型多样,世界各地大多数物种都可能在中国找到合适的栖息地或生境,是我国极易遭受外来物种入侵的主要原因。

②经贸活动频繁:随着我国改革开放的不断深入和经济飞速发展,对外贸易频繁,外来物种随进口货物和运输工具传入的几率大增。

③生态系统破坏严重:我国一些地区在发展经济的过程中对生态环境破坏过大,造成生态系统自我恢复和防御能力降低,也加大了外来物种成功入侵的可能性。

④科研、宣传力度加大:近年来我国对外来入侵物种的科研、宣传力度不断加大,全社会对外来入侵物种的关注程度有了显著的提高,普查工作也不断取得新的进展,新的外来物种不断被发

现和报道。

在无法确定这些外来入侵物种传入途径和具体传入时间的情况下,给人们的直观感觉就是近年来外来入侵物种传入越来越多,越来越快。

027 什么是植物检疫?

植物检疫是通过法律、行政和技术的手段,防止危险性植物病、虫、杂草和其他有害生物的人为传播,保障农林的安全,促进贸易发展的措施。这是一项特殊形式的植物保护措施,涉及法律规范、国际贸易、行政管理、技术保障和信息管理等诸多方面,为一综合的管理体系。其特点是从宏观整体上预防一切(尤其是本区域范围内没有的)有害生物的传入、定植与扩展。

其工作内容包括:

（1）检查国际、省/州际间运输的植物、植物产品和其他应检物是否被有害生物感染。

（2）对国际、省/州际间运输的植物、植物产品和其他应检物进行检疫处理。

（3）为符合植物检疫要求的国际、省/州际间运输的植物、植物产品和其他应检物签发植物检疫证书，并保持其在核查之后、输出之前处于检疫安全状态。

（4）对一定区域内栽培植物和野生植物，以及储存或运输中的植物和植物产品有害生物的发生、暴发和扩散进行监测和管制。

（5）保护受植物有害生物威胁的地区，划定、保持和监视这些地域在官方控制下处于非疫区状态和有害生物低度流行状态等。

028 如何防止外来有害物种入境？

（1）制定外来入侵物种管理法规，建立外来入侵物种的名录制度、风险评估制度、引进许可证制度。

（2）以《中华人民共和国进出境动植物检疫法》《植物检疫条例》等法律法规为依据，严格检疫执法。

（3）加强监测风险评估和普查，建立外来入侵物种早期预警系统和监测报告制度。

（4）加强宣传，提高全民防范意识，减少在旅行、贸易、运输等活动中引入外来入侵物种的可能性。

029 国内与外来物种防控相关的法律、条例或管理办法有哪些?

我国目前尚未制定一部专门的外来物种管理法律,现有法律中涉及外来物种的主要法律有10部,分别为:

①《中华人民共和国进出境动植物检疫法》;

②《中华人民共和国植物检疫条例》;

③《植物检疫条例实施细则(农业部分)》;

④《中华人民共和国动物防疫法》;

⑤《中华人民共和国国境卫生检疫法》;

⑥《中华人民共和国家畜家禽防疫条例》;

⑦《农业转基因生物安全管理条

例》；

⑧《陆生野生动物保护实施条例》；

⑨《中华人民共和国海洋环境保护法》；

⑩《中华人民共和国环境保护法》。

030 对从国（境）外引进种子、苗木进行审批的法律依据是什么？

对从国（境）外引进种子、苗木进行审批的法律依据有：

①《中华人民共和国行政许可法》；

②《中华人民共和国进出境动植物检疫法》；

③《植物检疫条例》；

④《植物检疫条例实施细则（农业部分）》；

⑤《国外引种检疫审批管理办法》；

⑥《关于进一步加强国外引种检疫

审批管理工作的通知》。

031 如何办理国外引种检疫审批手续？

根据《植物检疫条例》及其《实施细则（农业部分）》的规定，从国外引进种子、苗木和其他繁殖材料（国家禁止进境的除外），种苗的引进单位或者代理进口单位应当在对外签订贸易合同、协议三十日前向种苗种植地的省、自治区、直辖市植物检疫机构提出申请，办理国外引种检疫审批手续。从国外引进可能潜伏有危险性病、虫的种子、苗木和其他繁殖材料，必须隔离试种，植物检疫机构应进行调查、观察和检疫，证明确实未携带危险性病、虫的，方可分散种植。

032 从国外引进种子、苗木等繁殖材料，需要符合哪些检疫要求？

根据《植物检疫条例实施细则（农业部分）》的规定，从国外引进种子、苗木等繁殖材料，必须符合下列检疫要求：

（1）引进种子、苗木和其他繁殖材料的单位或者代理单位必须在对外贸易合同或者协议中订明中国法定的检疫要求，并订明输出国家或者地区政府植物检疫机关出具检疫证书，证明符合中国的检疫要求。

（2）引进单位在申请引种前，应当安排好试种计划。引进后，必须在指定的地点集中进行隔离试种，隔离试种的时间，一年生作物不得少于一个生育周期，多年生作物不得少于2年。证明确实不带检疫对象的，方可分散种植。如发现检疫对象或者其他危险性病、虫、杂草，应严格按植物检疫机构的意见处理。

033 检验检疫能阻止外来物种入侵吗？

（1）随着我国经济持续高速发展，尤其在加入世界贸易组织后，对外贸易量不断增大，每年进出口货物增速迅猛，再加上国际旅游业不断升温，我国接待外国游客数量逐年上升，货物夹带、行李和交通工具携带外来物种的可能性均大幅度增加，也为外来物种入侵我国提供了更多的机会。面对大量的检疫工作，检验检疫行业压力很大，在能力、资金、人员、技术、设备上来说，都不可能对每批进出口货物进行完全彻底的检疫。进出口检验检疫都是采用抽样检验的方法进行的，不可能对每件货物都进行检疫，抽检本身就存在着"漏网"的可能性。从国际经验来看，检疫截获有害生物的比例一般只能达到5%左右。

（2）随着社会的发展，外来物种传入的途径也在不断发生变化，一些新的方式不断出现，如在国际邮件、进境邮件、快件中，夹带违禁物品和有害生物呈倍增态势。但是目前，对国际邮件和快件实施监管还存在一些实际操作上的困难。因此，希望通过检疫措施100%防范外来有害生物的传入是不可能的。

034 中国哪些机构管理外来入侵物种？

中编办〔2003〕38号文件指出，由农业部作为外来入侵物种的牵头部门，会同环保、质检、林业及其他相关部门研究外来物种管理的政策框架、风险评估策略和治理方案。

按照十一届全国人民代表大会第一次会议批准的国务院机构改革方案和《国务院关于机构设置的通知》(国发〔2008〕11号),农业部主要牵头管理外来物种。农业部与国家质量监督检验检疫总局在出入境动植物检疫方面的职责分工如下:农业部会同国家质量监督检验检疫总局起草出入境动植物检疫法律法规草案;农业部、国家质量监督检验检疫总局负责确定和调整禁止入境动植物名录并联合发布;国家质量监督检验检疫总局会同农业部制定并发布动植物及其产品出入境禁令、解禁令。在国际合作方面,农业部负责签署动植物检疫的政府间协议、协定;国家质量监督检验检疫总局负责签署与实施政府间动植物检疫协议、协定有关的协议和议定书,以及动植物检疫部门间的协议等。两部门要相互衔接,密切配合,共同做好出入境动植物检疫工作。环境部主要承担"指导、协调、监督各种类型的自然保护区、风景名胜区、森林公园的环境保护工作,协调和监督野生动植物保护、湿地环境保护、荒漠化防治工作。协调指导农村生态环境保护,监督生物技术环境安全,牵头生物物种(含遗传资源)工作,组织协调生物多样性保护"。

根据《中华人民共和国生物安全法》第六十条规定国务院农业农村主管部门会同国务院其他有关部门制定外来入侵物种名录和管理办法。国务院有关部门根据职责分工,加强对外来入侵物种的调查、监测预警控制、评估、清除以及生态修复等工作。

三、生物入侵过程

035 外来物种是通过哪些途径传入我国的？

外来物种入侵扩散的途径主要有自然传播途径、人为无意传入、人为有意引进三种途径。

自然传播：外来入侵物种在周边国家或地区归化后，通过风力、水流、动物携带自然传入。

无意传入：指随着人类的贸易、运输、旅行等活动而无意识地引进。通常是随人及携带的物种通过飞机、轮船、火车、汽车等交通工具作为"偷渡者"或"搭便车"被带到新的环境。如假高粱随进口粮食夹带传入，毒麦随进口种子传入我国，北美车前是国际游客及其行李带入。

有意引进：人们出于农林牧渔业生产、生态环境建设、生态保护、观赏等目的有意引进某些物种，失去控制导致外来物种的泛滥成灾。如我国作为饲料引进的水花生、水葫芦、大藻等，作为观赏植物引进的波斯菊等，作为改善环境植物引进的互花米草、马缨丹等。

036 什么是引种？

引种指以人类为媒介，将物种、亚种或以下的分类单元（包括所有可能存活、继而繁殖的部分、配子或繁殖体），转移到其（过去或现在的）自然分布范围及扩散潜力以外的地区。这种转移可以是国家内的或国家间的。

037 什么是有意引进？

有意引进是指出于发展农业、林业、牧业和渔业的需要，对优良的动植物品种进行有意的引种，就是将某种物种、亚种或以下的分类单元，包括所有可能存活，继而繁殖的部分、配子或繁殖体，有目的转移到其自然分布范围及扩散潜力以外的区域。如新西兰从中国引种猕猴桃，美国从中国引种大豆等。

038 什么是无意传入？

无意传入是指某个物种、亚种或以下的分类单元，包括所有可能存活，继而繁殖的部分、配子或繁殖体，以人类或人类传输系统为媒介，扩散到其自然分布范围以外的地方，从而形成非有意的传入。

039 外来物种自然传播途径除通过自身繁殖入侵外,还可以通过哪些媒介进行传播?

外来物种自然传播途径除通过自然繁殖传播外,还可以通过自然媒介和生物媒介进行入侵扩散。

(1) 自然媒介。外来入侵植物的种子可通过风力进行远距离扩散。一些外来入侵植物的种子很轻,可以随风传播,如薇甘菊可能是通过气流从东南亚传入我国广东的;加拿大一枝黄花的种子属于带冠毛的瘦果,即小又轻,千粒重仅为 0.079 克,能随风飘散。

外来入侵植物的种子可通过河流远距离扩散。畜牧业害草如紫茎泽兰的种子通过溪流(或河流)向下游实现远距离扩散,并在沿岸河滩上定殖生长。

(2) 生物媒介。以动物为媒介传播最常见的一种模式是体内传播,种子通过被取食进入动物体内,然后经粪便排出体外,进入其他地区。

种子和果实的表皮有时会有倒钩或刺,他们很容易黏附在动物的皮毛或羽毛上,随着动物的移动,得以在当地散布开来。

040 有意引种都包括哪些方面?

人为引进并产生危害的种类包括:

(1) 作为食用或药用植物引入。我国部分蔬菜作物和中草药也是外来物种,有部分物种逃逸形成入侵物种。如作为蔬菜引进的尾穗苋、落葵等;作为药用植物引进的肥皂草、决明、土人参等。

(2) 作为观赏植物。由于对奇花异

草的追求,促使人们不断地引进国(境)外的花草品种,这些花草免不了从花园中逃逸,而在自然生长下,其中一些外来观赏植物逃逸后成为外来入侵物种,如加拿大一枝黄花、马缨丹等。

(3)作为牧草或饲料。比如水葫芦、水花生、赛葵等都作为饲料引进后在国内泛滥成灾。

(4)作为改善环境植物。为尽快解决生态环境退化、植被破坏、水土流失和水域污染等问题,我们引进了一些外来物种,目前已经有一些外来物种形成了入侵,典型的案例有互花米草等。

(5)作为食用或经济物种引进。为了丰富餐桌,大量引种食用植物和动物,如番石榴、福寿螺等,还有一些动物由于其皮毛具有经济价值被引入,如麝鼠和海狸,引种后造成入侵。

(6)作为宠物引入。最典型的就是

巴西龟被作为宠物饲养,随意释放,导致在自然生境的入侵。

(7) 植物园和科研实验室的引种。

041 外来物种无意传入的途径有哪些?

外来物种无意传入的途径主要有4个方面:

(1) 随着人类交通工具带入。很多外来物种随着交通路线进入并沿着交通路线蔓延扩张,由于交通路线周围的生态环境比较脆弱,很容易被外来入侵物种占据生态位,成为外来入侵物种最早出现的区域。

(2) 随着进口农产品和货物带入。外来入侵物种也可随着引进的其他物种掺杂进入国内,如杂草种子一般伴随着大宗粮食进口传入,林业害虫随着木质包装材料进入。

（3）旅游者带入。旅游者携带活体生物如水果、蔬菜或宠物，可能将有危害的外来入侵物种携带入境，也可能有些物种黏附在旅客的行李上带入国内。

（4）随着人类建设工程带入。人类在农田、林场工作时，交通工具、劳动工具、鞋底的泥土、运输的苗木都有可能带入外来物种。

042 一般外来入侵物种从进入到暴发需要多长时间？

外来入侵物种进入新的生境需要一个适应过程，入侵地生态系统也会因为外来物种入侵而发生变化，这个过程往往是需要很长时间且难以觉察的，许多外来物种入侵对生物多样性的影响从入侵定殖到暴发通常具有 5~20 年的潜伏期。

043 什么是时滞?

时滞一般用于入侵植物,指一个外来物种引入新的地区,该物种短时间内不会进行大规模的扩张,而是在几年到几十年后才开始快速繁殖入侵。时滞现象的产生被认为是由于新环境不十分利于物种大规模繁殖的情况下,生物需要一段时间来适应环境,包括定殖、扩散、累积种群基数、等待环境改变,甚至发生基因突变和变异,最终完成适应环境,造成生物入侵。这也是外来入侵物种在入侵初期难以被发现,一旦发现已经难以灭除的原因。

四、生物入侵理论

044 什么是多样性阻抗假说？

多样性阻抗假说（Diversity resistance hypothesis，DRH）是由 Elton（埃尔顿）（1958）提出的经典假说。该假说认为群落多样性对抵抗外来物种的入侵起着关键作用，物种丰富度高、群落结构复杂的群落对生物入侵的抵抗能力较强，而物种丰富度低、群落结构简单的生态系统更容易受到外来物种的入侵。该假说主要阐明了群落物种生物多样性与外来物种入侵之间的关系，因此，又称之为群落物种丰富度假说（Community species richness hypothesis）。多样性阻抗假说在小空间尺度研究上得以不断证实,而在大尺度观测研究中群落生物多样性与外来物种入侵之间并不总呈现正相关关系。

045 什么是天敌逃逸假说

天敌逃避假说(Enemy release hypothesis,ERH)最早由 Darwin(达尔文)(1859)用于解释为什么一些物种在其原产地较稀少,而在新的入侵地却分布多的现象,后来逐渐发展成为一个完备的理论。天敌逃避假说认为,外来物种能够成功入侵到新的生境,是由于其脱离了原产地协同进化的自然天敌(如竞争者、捕食者和病原微生物)的控制作用,而本地竞争种的专一性天敌几乎没有发生寄主转移,且本地广食性天敌对本地物种的影响大于对入侵物种的影响，形成了竞争释放，由于捕食者和其他天敌的缺乏，会导致它在数量上增长、在空间上扩张，从而导致外来物种分布范围的扩大和多度的增加。但Strong（斯特朗）（1984）、Crawley（1990，1998）、Kean（肯恩）& Crawley（克拉雷）（2002）等的研究表明，入侵物种到达新的生境，逃避了原有竞争者、捕食者和寄生者以后，并非完全逃避了天敌，也可能被一些土著种取食，从而形成新天敌。

046 什么是生态位假说？

生态位假说（Niche hypothesis）包括空缺生态位假说和生态位机遇假说。

空缺生态位假说（Empty niche hypothesis）认为，物种对一个群落的入侵，其成功在于占据了一个空缺生态位。

该假说是生物多样性阻抗假说进一步的解释，被广泛认为是岛屿生态系统容易遭受生物入侵的主要因素。

生态位机遇假说（Niche opportunity hypothesis）是由 Shea（谢伊）（2002）提出的，该假说认为被入侵地的资源、天敌和物理环境这 3 个因素决定了一个入侵者的增长率。这 3 个因素都是随着时间和空间变化的，一个物种对这些因素的时空变化而产生的反应如何，决定了它的入侵能力。该假说将资源利用机遇和天敌逃避有机地结合，并考虑了物理环境的适宜性，因此是迄今论据比较全面的一个假说。

047 什么是增强竞争力进化假说？

增加竞争力进化假说（Evolution of increased competitive ability hypothesis）是

Blossey 和 Nötzold 在天敌逃避假说的基础上发展起来的，基于"生长或防御"权衡的重新分配提出的，该假说认为外来物种进入新生境后，缺乏天敌的控制，外来物种本来用于防御的资源就可转移到自身的生长发育上，从而进化出最优化的生存策略。比如进化出最适应新栖身地环境的表型来适应新的环境，也就是表型可塑性。

048 什么是资源机遇假说？

资源机遇假说（Resource opportunity hypothesis）是空生态位假说的进一步解释，该假说认为在大尺度的空间范围内，可利用的环境资源是决定生态系统可入侵性的关键因素。在新栖地的群落一旦具有入侵物种所必需的生态资料（包括营养、光照、水分、土壤营养等),且这些生态资源也大多没被土著种有效利用,便为外来物种入侵提供了可能的空间,事实上就是新生境中存在空余的生态位。

049 什么是氮分配进化假说?

氮分配进化假说(Evolution of nitrogen allocation hypothesis)是在天敌逃逸假说和增强竞争力进化假说的基础上发展起来的假说,是由冯玉龙等(2009)提出的,他们认为天敌逃逸不仅使外来入侵植物降低体内氮在防御机构细胞壁中的分配,而且增加了氮向光合器官中转移,这种独特的快速偿还型能量方式能够提高叶片的氮利用效率、光合能量利用效率及光合能力,从而具有较高的生长潜力,导致植物成功入侵。

050 什么是新武器假说?

新武器假说(New weapon hypothesis)是 Callaway(卡拉威)和 Denour(德图尔)(2004)基于物种间化学关系解释外来物种入侵的假说,他们认为由于入侵植物根系分泌物可以抑制其他植物的种子萌发和植株生长,即化感作用,从而导致外来入侵植物可以排挤本地植物而成功入侵。在新武器假说的基础上,他们认为外来入侵植物还可以通过延迟发育、拒食和毒性作用减少植食性昆虫、大型动物及其他天敌对它们的取食,从而占据竞争优势,成功入侵,称之为"新防卫假说"(Novel defence hypothesis)。

051 什么是干扰假说？

干扰假说（Disturbance hypothesis）是 Deferrari（德菲拉里）和 Naiman（奈曼）（1994）提出的，该假说认为人为或者自然因素对栖息地的干扰有利于外来物种入侵。一方面，干扰可以使群落中物种丰富度降低，增加资源可利用率，减小竞争压力，从而有利于外来物种入侵（Stohlgrene，1999）另一方面，干扰可能破坏群落结构，形成空的生态位，从而影响群落的可入侵性，使外来物种易于入侵。然而，干扰与入侵的关系比较复杂，对入侵作用是多方面的，干扰与入侵的关系还有待于进一步研究。

052 什么是内禀优势假说?

内禀优势假说(Inherent superiority hypothesis)认为外来植物能够成功入侵,是由于其本身可能具有独特的生物特性或独特的内禀优势(如形态、生态、生理、行为和遗传等)。相对于土著种,具有内禀优势的外来物种在进化中可能进行了更多的遗传变异,形成具有更适应环境条件及利用更多资源的生态型,或具有更强的抵抗外界环境胁迫的能力或性状,从而最终在竞争中获得优势,或者更易于占据某些土著种不能利用的生态位,进而成功入侵

053 什么是繁殖体压力?

繁殖体压力(Propagule pressure 或

Introduction effort)定义不统一,最简单的定义是将繁殖体大小或者繁殖体数目定义成繁殖体压力。也有人把生物引入过程中释放繁殖体的数量或频率称作繁殖体压力。Lockwood(洛克伍德)等对繁殖体压力的定义更为详细,繁殖体压力是生物个体释放到非原产地区数量的一种综合表达,它是每次释放生物繁殖体数量的多少和释放次数的结合,他指出对比生境可入侵性特征和物种本身的入侵性特征能够发现:繁殖体压力会与多次引入有关,对于每一次引入事件或入侵事件来说,繁殖体压力都会各不相同。繁殖体压力是外来物种入侵成功与否的重要条件。

054 什么是"十数定律"?

Williamson(威廉姆森)在 1996 年

提出了"十数定律"(Tens rules),描述外来物种入侵过程,指出外来物种从传入到定殖,仅有10%物种能成功定植;这些成功定植的外来物种中仅有10%能成功扩散,而这其中仅有10%的外来物种能成功入侵。十数定律不是很严格的10%,可能从5%~20%。十数定律说明两个方面的问题:一是不同入侵阶段之间的障碍重重,我们需要了解为何有些物种能克服障碍而另外一些物种却不能;二是尽管很多物种能进入新的区域,但是仅有少量的物种能够暴发引起生态或经济危害。

055 什么是奠基者效应?

奠基者效应(Found effect)是指新种群最初由少数个体从原种群中传播或迁徙至某地而建立,经过一段时间繁衍,虽然个体数量增加，但种群遗传多样性降低。该理论是 Ernst Mayr（恩斯特·迈尔）在 1942 年提出的，由于遗传多样性的丢失，新的种群其表型和基因型与其母本种群相比可能会明显不同。在奠基者效应中，小种群表现出对遗传漂变敏感性增加，增加自交频率和降低遗传多样性。奠基者效应有可能导致物种分化或者新物种的进化，也可能导致种群的灭绝。

056 什么是"阿利"效应？

"阿利"效应（Allee effect）是由 Allee（阿利）提出的，是指群聚有利于种群的增长和存活，但过分稀疏和过分拥挤可阻止其生长，并对生殖产生副作用，每种生物都有自己适合的密度。这种种群大小、密度及其增长率之间的相互作用称为"阿利"效应。具有"阿利"效应的种群当种群密度低于某一阈值时,物种将会灭绝。"阿利"效应对外来入侵物种的作用具体表现为入侵物种的传播速度、最佳扩散距离、因繁殖失败导致的入侵终止、种间竞争的稳定性。比如,入侵物种互花米草在入侵初期只产生少量能成活的种子,大多数依靠无性繁殖,可见"阿利"效应在外来物种入侵初期能减少其入侵速度。"阿利"效应有助于我们在外来物种入侵的初期或者入侵的边缘地区开展入侵防控,从隔离检疫、根除和控制等方面制定管理策略。

五、生物入侵危害

057 外来入侵物种的主要危害有哪些?

生物入侵造成的生态或进化后果相当严重。

(1) 成功入侵的外来物种,常常直接或间接地降低被入侵地的生物多样性,改变当地生态系统的结构与功能,造成本地物种的丧生或灭绝,并最终导致生态系统的退化与生态系统功能和服务的丧失。

(2) 外来入侵物种不断繁殖、扩散,严重威胁森林、草原、农田、水系等生态系统,对经济发展危害极大。

(3) 一些外来入侵物种能直接或间

接地危害人类健康。

058 外来入侵物种对农林业生产的主要危害有哪些?

(1) 外来植物入侵农田、林地、温室、苗圃,通过竞争、化感、遮蔽、覆盖等,危害作物、果树、花卉、蔬菜生长,直接影响作物产量和品质。

(2) 外来病原菌直接危害农林业生产,引起减产甚至绝收,如香蕉枯萎病、番茄溃疡病。

(3) 外来入侵动物直接取食作物的根、茎、叶、花、果实等器官,引起产量、质量损失,如马铃薯甲虫、福寿螺、椰心叶甲等。

(4) 有的外来入侵物种还能够传带植物病毒,引发作物病害,如西花蓟马传播番茄斑点萎蔫病毒。

059 外来物种入侵对生态环境和生物多样性的影响有哪些?

（1）通过与本土物种在阳光、水分、养料、食物、生态位等多方面的竞争，以及化感（植物）、捕食（动物）等，导致局部或区域性的生物多样性减少。如入侵广东的薇甘菊，大片覆盖香蕉、荔枝、龙眼等灌木和乔木，使其难以进行正常的光合作用而死亡。

（2）导致水土流失。灌木或杂草入侵树林，以及入侵动物的啃食或踩踏，会减弱植物对土壤的保护，造成大量的水土流失。

（3）改变土壤化学成分。如盐生植物入侵淡生植物群落，死亡后释放自身积累的大量盐类，使土壤中盐分增加，影响其他植物的生存。如大米草，在沿海地区疯狂扩散,已经到了难以控制的局面。

(4)影响土壤水循环。有些外来入侵植物,能利用本地植物不能利用的水或利用量少的水,从而改变水分平衡。

(5)破坏遗传多样性、改变物种进化方向。入侵物种与本地近缘种之间、入侵物种相互之间有可能发生杂交,从而改变本土物种基因型在生物群落基因库中的比例,造成一些植被的近亲繁殖和遗传漂变,甚至可能改变整个系统的演化方向。如加拿大一枝黄花不仅可与同属植物杂交,还可与紫菀属植物杂交。

060 外来入侵物种对畜禽养殖的主要危害有哪些?

(1)牧草产量下降。外来害鼠在草原取食牧草,还钻洞穴挖掘草根,导致载畜量严重下降。

（2）草场退化。一些入侵植物（如飞机草）繁殖能力、适应能力极强，并具化感作用，一般的牧场被入侵后很快就失去利用价值。

（3）牲畜致病。一些入侵植物（如紫茎泽兰）具有带纤毛的种子和花粉，可引起马属动物的哮喘病，具有分叉的纤毛种子被马属动物吸入后可直接钻入气管和肺部，引起组织坏死甚至死亡。

（4）牲畜致死。一些入侵植物（如含羞草）具有毒性，牲畜取食后会发生中毒事件，甚至引起死亡。

061 外来入侵物种对人类健康及社会活动的主要影响有哪些？

（1）对人类健康的影响。一些外来入侵物种能直接或间接地危害人类健康。

如，毒莴苣和马缨丹等植物均有毒，人类尤其是小孩误食会引起中毒；豚草产生的花粉能够引发过敏性鼻炎和哮喘等疾病；红火蚁叮咬人体可引起严重的反应，在国外甚至有叮咬人致死的案例；福寿螺能够传播广州管圆线虫引起人类的嗜酸性粒细胞增多性脑膜炎等多种疾病。

（2）对社会活动的影响。一些入侵植物（如水葫芦、水花生、大薸等）大量繁殖，覆盖河道、湖泊，影响农田排灌、水上交通和旅游业。刺萼龙葵全株和少花蒺藜草的果实都布满坚硬的刺，对人们出行、放牧、农事操作造成了很多不便。红火蚁入侵危害往往会引起社会恐慌。

六、适生区分析与风险评估

062 什么是外来物种的适生区?

适生性是指有害生物从原分布区被携带到新区后能否定居并造成危害的能力。外来物种的适生区是指能够满足外来物种生存、繁殖所需条件的区域,是判断外来物种是否在该区域造成危害的重要指标。

063 预测外来入侵物种适生区分析的模型都有哪些?

预测外来入侵物种适生区的分析模型通常有:气候图技术、CLIMEX 模型、基于遗传算法的规则组合模型（GARP）、最大熵模型（Maxent）、生态位因子分析模型（ENFA）、Bioclim 模型、Domain 模型、神经网络模型等。

064 什么是外来有害生物风险评估？

外来有害生物风险评估是指根据外来物种在原产地的生物学、生态学、危害、防治、气候环境等特征信息，分析其从原发生地到新地区的种群变化过程，评估其在传入地对生态系统、经济等发生各种风险的概率和危害程度，做出科学评价。

065 如何开展外来有害生物风险评估？

根据国家标准《有害生物风险分析框架（GB/T 27616）》，外来有害生物风险评估分为3个阶段：

（1）风险评估程序启动。明确风险评估的任务、区域、类型等。

（2）评估风险。构建或参考确定适用的外来物种风险评估指标体系，获取体系中各指标的信息并赋值，确定目标物种的风险值。

（3）风险管理。根据风险评估指标体系的评价结果，划分风险等级并确定相对应的管理对策。

066 外来物种风险评估的起点应该包括哪几方面？

外来物种风险评估的起点至少应包括以下几个方面：

（1）以商品为起点。指可能携带外来物种的动物、动物产品、植物种子、苗木及其他繁殖材料，包括其装载容器、包装物、运输工具以及压舱水等。

（2）以流动人员为起点。指可能携带外来物种的人员。包括交通工具、运输设备以及行李、货物、邮包等物品，也包括对微生物、生物制品、人体组织、血液及其制品等特殊物品以及可能携带外来物种的动物。

（3）以有意引进的外来物种为起点。指有意引进的动物、植物和微生物及其材料和其他可以生长繁殖的部分。

（4）以建设项目为起点。指跨越生物地理区域、可能导致外来物种入侵的大型工程建设项目，如水坝、运河、管道、隧道和道路等。

067 建立外来物种多指标评价体系应遵循的原则是什么？

（1）科学性。具体指标的选取应建

立在对外来入侵物种充分认识、深入研究的基础上,客观、真实地反映外来入侵物种风险产生的过程,体现风险的内涵与特征,定义明确准确,测定方法标准,计算方法规范。

(2) 重要性。评价指标不是越多越好,选取的指标应是导致风险产生的重要因素,与风险的有无、大小有着直接的联系。

(3) 系统性。指标体系作为有机整体,要求能全面反映外来入侵物种各要素的特征、状态及各要素之间的关系,但要避免指标之间的重叠性,使评价目标与指标有机联系为一个层次分明的整体。

(4) 实用性。指标体系运用过程中应具有很强的可操作性和可比性,可以用定量指标,也可以用定性指标,如有些指标难以量化,而这些指标对评价又很重要的，必须用定性指标加以描述，而实际评价时，再选取适当的方法进行量化处理。

（5）可移植性。指标体系在使用过程中应根据具体情况做相应调整，并且不影响指标体系整体效能，针对不同使用者具备良好的兼容性。

068 影响外来物种入侵成功的因素有哪些？

影响外来物种入侵成功的因素包括内因和外因两个因素。

（1）内因。

①适应性：外来入侵物种对各种环境因子适应幅度较广，对环境有较强的忍耐力。

②生长特性：外来杂草一般生长速度比较快。

③繁殖特性：外来入侵物种一般能够产生大量后代，或繁殖世代较短。

④传播方式：外来入侵物种能够大量传播，使其种子具有适于扩散与传播的特征。

⑤抗逆性：有些外来物种可以在极其贫瘠的土壤中生存，有些物种可以某种方式度过干旱、低温和污染等不利条件。

（2）外因。

①生态因子：被入侵的环境物种影响大，如果被入侵的环境与外来物种原栖息地相似，外来物种可能入侵成功；如果生境相差大，只有适应性强的物种可以入侵成功。

②自然控制机制：入侵物种与生态系统中其他物种间的相互作用是影响生态入侵的另一个重要因素。一些物种在原生态系统中并无太大危害，而却在其

他生态系统成为入侵物种,其主要原因之一是没有天敌,或缺乏以其为食、与之竞争、抑制其生长的物种,缺乏自然控制机制。

③人类活动:随着贸易和人类交往频繁,部分外来入侵物种随人类活动携带、货物运输无意传入异地。除此之外,作物育种、农业生产、引种和花木移栽都可以带入外来物种。

069 外来物种风险评估指标体系框架结构包括哪几方面?

外来物种风险评估指标体系从以下4个方面对外来物种进行评估。

(1)外来物种的入侵性。指外来物种通过各种渠道进入本地的可能性,由国内外该物种的分布情况及生态地位、传播途径和控制措施组成。

（2）外来物种的适生性。指外来物种在引入地建立种群的可能性，由适应能力、抗逆性、气候适合度和其他限制因子适合度组成。

（3）外来物种的扩散性。指外来物种种群在引入地的传播、迁移、扩散的可能性，由外来物种的繁殖能力、遗传特性、适宜的气候范围、其他限制因子范围和控制机制组成。

（4）外来物种的危害性。指外来物种对引入地的经济、环境和人体健康等方面已经或可能造成的不利影响。由经济重要性、生态环境重要性、人类健康重要性和其他不利影响组成。

070 对外来入侵物种风险怎样管理？

根据各项风险评估指标体系的量化赋值标准，对评估体系指标进行风险量化，按风险值的大小划分风险等级，根据风险等级确定风险管理措施。

（1）极高风险。严禁引入，建议列入管制名单。

（2）高风险。严格控制引入，如特殊需要引入时，须主管部门审批，并在调运、跨区运输时，应采取足够的措施控制其逃逸和扩散，并加强监测和监管工作。

（3）中风险。适当限制引入的目的、区域、数量和次数。调运、跨区域运输时应采取适当措施，防止逃逸和扩散，对其进行控制、监测，防止扩散。

（4）低风险。可以引入，但应向主管部门报备，记录在案。

七、外来入侵植物的普查

071 外来入侵物种调查方法有哪些？

有一些入侵物种容易发现和识别，但是很多外来入侵物种比较隐蔽，不容易被发现，需要进行专门的调查才能发现，因此，对外来入侵物种进行调查一般应组建专家调查组。调查方法分为：普查、特定场地调查以及特定物种调查。根据调查的目的，这些调查方法可以合并或重叠，如特定物种调查也可以在特定场地调查的过程中进行。

072 什么是特定场地调查？

可以看作是以某个重要地点为目标的一般性调查。

（1）传入点。对机场、铁路两侧、港口、集装箱或货运包装区域等外来入侵物种最容易传入的地点，根据周围的生境、地理环境等情况进行针对性的调查，调查应大于这些传入点范围。

（2）动物。寻找出现过的迹象，例如足迹、粪便和取食损害，寻找新的物种；走访当地有经验的人员或专家。

（3）植物。最好的方法是找有经验的、了解当地植物状况的植物学家进行调查。

073 什么是特定物种调查？

确定外来物种已经入侵后，在发生地区或者可能传入的地区，针对该入侵物种进行的调查即为"特定物种调查"。调查方案应根据外来入侵物种的特点进行设计、修改和完善，并充分考虑到调查地区的地形、环境、气候条件。如，北方冬季寒冷，新入侵物种在冬季大量发生可能性不大，寻找和鉴定都较为困难，因此，选择在夏秋季节进行调查即可；但是如果在海南，大部分物种全年都能够生长，而且不同季节还可能发生变化，因此，就应该一年内分时段进行多次调查。

074 什么是普查？

普查是掌握某一入侵物种基本状况的常见方法，是在某一特定时期，对某一种（类）或几种（类）外来入侵物种进行全面调查的官方活动。其目的为：通过调查，可以确定一个地区外来物种存在或分布情况，或者在建立保持非疫区时根据这些信息确定一个地区不存在检疫性（目标）有害生物。

075 对外来入侵植物实施普查的必要性有哪些？

对外来入侵杂草的普查工作十分有必要。我国是世界上遭受外来生物入侵危害最严重的国家之一。在入侵我国的众多外来生物中，草本植物是一个重要的门类，对我国农林牧渔业生产、区域生态环境、生物多样性、公路航道运输甚至人类健康和生命安全造成了严重的影响。在局部地区甚至全国范围内开展外来草本植物普查工作，全面掌握其发生情况和发展动态，是开展监测预警和风险评估的基础工作，也是对造成入侵危害的外来草本植物疫区和非疫区进行划分、开展检疫、扑灭以及综合治理等防控措施的重要依据。可根据相关标准开展外来入侵植物的普查工作。

076 外来入侵物种进行普查应遵循哪些原则？

外来入侵物种进行普查应遵循以下原则：

（1）行政性。对外来入侵物种普查工作是官方行为，普查获取的信息为政府制定外来物种科学管理和防控决策提供服务,同时也为政府主导下的相关科学研究提供基础数据。

(2)专业性。普查组织部门应邀请领域专家组建相应的专家组,负责普查方案的制定、普查方法的培训、标本鉴定、结果汇总整理的指导等技术支持。

(3)全面性。全面性是普查工作的核心原则。在开展普查的地区,要全面覆盖所有区域和生境,争取不遗漏任何一个外来物种易发生地区,不遗漏任何一种外来入侵物种,不遗漏外来入侵物种任何一个可获得的详细信息。

(4)准确性。普查中应综合利用踏查、走访调查、样地调查、信息咨询等措施,获取确切真实的外来入侵物种发生信息。

(5)规范性。对外来入侵物种的普查工作涉及地域广、人员多、工作量大。

所以普查要严格按照统一的时间、统一的方法、统一的进度开展。

077 对外来入侵物种的普查有哪几种类型?

对外来入侵物种的普查类型总体分为特定物种普查和全面普查两种类型。

特定物种普查:指在普查区域内对1种(类)或几种(类)外来物种开展的普查。

全面普查:指在普查区域内对所有外来入侵物种开展的普查。

078 如何划分外来入侵物种的普查区域?

普查区域可以是某一个行政区域、地理区域,也可以是几个行政区域或几个地理区域的组合，或者是全国。

普查以村级区划为普查实施的基础单位，城市城区内以街道为基础单位，村、乡镇/街道、县、市、省逐级向上负责。所以普查可分为以下几种情况：

①全国范围内的外来入侵物种全面普查；

②全国范围内的特定外来入侵物种普查；

③区域范围内的外来入侵物种全面普查；

④区域范围内的特定外来入侵物种普查。

079 如何对外来入侵植物进行普查？

外来草本植物的普查主要分为基本发生情况调查和种群、群落特征调查。

① 基本发生情况调查：主要方法为

踏查和走访调查两种方法,也可将两种方法结合使用。根据公报、公告、统计年鉴、工作报告、专著、学术报告、期刊文献、报纸等方式获取的外来草本植物发生信息,应通过踏查或走访调查的方式进行核实确认。

② 种群、群落特征调查:主要采用样方法进行。

080 外来入侵物种普查工作应该由谁负责实施?

根据外来入侵物种进行普查应遵循的原则,对外来入侵物种进行普查工作是官方行为,应由县级以上农业行政主管部门组织实施。普查组织部门应建立相应的专家组,负责普查方案的制定、普查方法的培训、标本鉴定、结果汇总整理的指导等技术支持。

081 采用踏查的方法进行外来入侵植物的基本发生情况调查具体应该如何去做？

踏查是指通过实地察看，以获取调查地区的外来入侵植物发生情况的方法。在所有人力能够到达的区域，按各生境特点设计踏查路线，通过踏查获取外来入侵植物的发生种类、发生面积、是否造成危害等信息。踏查人员应具有较强的专业知识，按普查要求做好调查记录。

082 采用走访调查的方法进行外来入侵植物的基本发生情况调查具体应该如何去做？

走访调查是指通过对熟悉实际情况普查区域内的群众、管理部门工作人员及专家等进行走访调查或问卷调查,获取普查地区内外来入侵植物发生情况的方法。走访调查获取的信息包括:外来草本植物的发生种类、传入和扩散途径、生长发育周期、发生面积、生境类型危害情况、利用方式以及防控措施等。

083 对外来草本植物普查时,种群、群落特征的调查该如何取样?

根据基本发生情况调查结果,选择典型生境设置标准调查样地进行种群群落调查,样地面积1~5亩。每个标准样地内选取样方的数量应不少于20个,样方规格为50cm×50cm(或100cm×100cm)。调查样方内植物种类和数量,计算植物的覆盖度(或频度)。

084 对外来入侵植物进行种群群落调查时抽样方法有哪些?

对外来入侵植物进行种群群落调查采用的抽样方法有随机抽样、分层抽样、规则抽样、限定随机抽样、代表性样方抽样。

（1）随机取样。可根据随机数字，在两条相互垂直的轴上成对地取样，或通过罗盘在任意几个方向上，分别以随机步程法取样。随机数字可以用抽签、纸牌、随机数字表等获得。

（2）分层抽样。由于生境不同、种群密度不同，按照种群密度的差异，把研究地区分成不同的亚区，然后在亚区中随机抽样。

（3）规则取样。又叫系统取样，可使用对角线取样、方格法取样、梅花形取样、S形取样、W形取样、N形取样等,使样方以相等的间隔分布于样地内,或在样地内设置若干等距离的直线,以相等的间距在直线上选取样方。

(4) 限定随机取样。以规则取样的方法,将样地划分为若干个较小的区域,然后在每个划分的小区域内随机选取样方。

(5) 代表性样方取样。主观地将样方设置在认为有代表性的和某些特殊的区域。

085 对外来入侵物种普查时间如何确定?

根据普查区域内的气候条件,结合外来入侵物种的生物学特性和物候期,确定具体普查时间。如对外来入侵昆虫的普查,北方地区最佳时间段为4月下旬到10月中旬，南方地区最佳时间段为3月下旬到11月中旬，选择在调查对象发生高峰期或者经过繁殖累积数据最大、危害最严重时间、最容易发现的时间；对外来入侵植物的普查应根据植物生育期确定，选择普查对象危害发生最重，最易发现症状的时间调查，最佳普查生育期为营养生长期和开花期。

086 在外来入侵植物进行普查过程中，如遇到不认识的入侵植物应怎样处理？

普查中如发现外来入侵植物或现场无法鉴定的植物，应利用数码相机拍摄其生境、全株、茎、叶、花、果、地下部分（根）等的清晰图像信息，将植株采集制作成标本，记录标本采集地信息（采集地点、地理位置、生境类型、采集人、采集时间等)。

未鉴定的植物标本带回后,应首先由普查组织实施单位根据植物图鉴、植物志等工具书自行鉴定。对鉴定结果不确定或仍不能做出鉴定的,选择制作效果较好的标本并附上照片及采集地信息,寄送给有关植物分类专家进行鉴定。

087 在对外来入侵植物标本的采集、运输、制作、保存过程中应该注意哪些方面?

在外来入侵植物标本采集、运输、制作等过程中,植物活体部分均不可遗撒或随意丢弃,对于掉落后不用的部分,要进行灭活处理。对种子较小较轻、容易飞散的植物,在运输中应注意密封。

外来入侵植物标本应保存于县级以上的普查实施负责部门,以备复核。标本的保存期限不少于 2 年。对于重复的标本、经鉴定后认为无须保存的标本及超出保存期限的标本，应集中销毁，不得随意丢弃。

088 如何评估外来入侵植物对周围生态环境造成的危害？

通过比较相同样地中外来入侵植物及主要伴生植物在不同监测时间的重要值的变化，反映入侵植物的竞争性和侵占性；通过比较相同样地在不同监测时间的生物多样性指数的变化，反映此植物入侵对生物多样性的影响。监测中采用样线法时，通过生物多样性指数的变化反映外来入侵植物的影响。生态影响中重要值、生物多样性指数等指标的计算方法如下。

重要值：$IV = (RD + RF + RC)/3$

RD 为相对密度,

$$RD = \frac{该种植物的种群密度}{所有植物的种群密度之和} \times 100\%,$$

$$种群密度(D) = \frac{该种植物的个体总数}{所有样方的面积之和};$$

RF 为相对频度,

$$RF = \frac{该种植物的频度}{所有植物的频度之和} \times 100\%;$$

RC 为相对覆盖度,

$$RC = \frac{该种植物的覆盖度}{所有植物的覆盖度之和} \times 100\%;$$

$$频度(F) = \frac{该种植物出现的样方数}{样地内选取的样方总数} \times 100\%;$$

Patrick 丰富度指数:$A_p = S$

Margalef 丰富度指数:$A_m = (S-1)/\ln N$

Shannon–Wiene 多样性指数：

$$H' = -\sum_{i=1}^{S}\left(\frac{N_i}{N}\ln\frac{N_i}{N}\right)$$

Simpson 多样性指数：

$$DS = 1 - \sum_{i=1}^{S}\left(\frac{N_i}{N}\right)^2$$

Pielou 均匀度指数：$j = H'/\ln S$

Alatalo 均匀度指数：

$$E_a = (DS^{-1} - 1)/(e^{H'} - 1)$$

式中：S 为所有样方的植物种类总数；N_i 为第 i 种植物在所有样方内的个体总数；N 为所有样方中的植物个体总数；$e = 2.71828\cdots$。

089 如何估算外来入侵植物对农业、林业、畜牧业等造成的经济损失？

由于外来植物的入侵对耕作区、林地、草原（场）、水产养殖场、运输河道、人畜健康及社会活动等造成危害的，应估算其经济损失。可通过当地受害的作物、果树、林木、水产、牧草等的产量或载畜量与未受害时的差值，人类受伤害后的误工费和医疗费，社会活动成本增加量等估算经济损失。下面是种植业、畜牧业、林业的经济损失估算方法：

（1）种植业经济损失估算方法。

种植业经济损失＝农产品产量经济损失＋农产品质量经济损失＋防治成本

农产品产量经济损失＝外来入侵植物发生面积×单位面积产量损失量×农产品单价

农产品质量经济损失＝外来入侵植物发生面积×受害后单位面积产量×农产品质量损失导致的价格下跌量

防治成本包括药剂成本、人工成本、生物防治成本、防除机械燃油或耗电成本等。

(2) 畜牧业经济损失估算方法。

畜牧业经济损失＝发生面积×单位面积草场牧草产量损失量×单位牧草载畜量×单位牲畜价值+畜牧产品损失量×畜牧产品单价+养殖成本增加量+防治成本

(3) 林业经济损失估算方法。

林业经济损失＝外来入侵植物发生面积×单位面积林地林木蓄积损失量×单位林木价格+防治成本

090 如何完成普查数据的上报工作？

对外来入侵植物普查完成后，组织实施的县级农业主管部门应对各乡镇（街道）的普查结果进行汇总，对所有采集标本进行鉴定结束后或送交鉴定的标本鉴定结果返回后7日内，根据普查报告的格式形成普查报告并上报，县级普查汇总报告内容包括：物种名称（学名或俗名)、首次发现情况、 (可能的)传入及扩散途径、当前发生情况(发生面积、危害情况或经济损失)、生长发育时期、各生境的发生情况、病虫害、开发利用、防控方法与控制效果、其他信息。市级、省级普查负责部门在收到上报的普查结果后应于10日内核对并汇总整理,呈报上一级普查负责部门。

091 普查原始数据应该如何保存?

外来入侵植物普查工作实施完成后,应对原始数据记录表进行分类整理,对拍摄的相片和制作的植物标本进行统一编号,并与相关原始记录信息进行关联。所有数据整理完备后应妥善保存于县级以上的普查实施负责部门,以备复核。保存期限不少于2年,重要数据应永久保存。

八、外来入侵植物监测

092　什么是外来入侵物种监测？

在一定的区域范围内，通过走访调查、实地调查或其他程序持续收集和记录针对某一种（类）外来入侵物种发生或不存在的数据的官方活动。

093　外来入侵植物的监测区如何确定？

外来入侵物种主管部门组织领域专家完成的风险评估报告确定的监测对象的适生区所在行政区域即为监测对象监测区。如外来入侵物种黄顶菊的监测区为经主管部门组织风险评估确定的黄顶菊的适生区所在行政区域。

外来入侵物种的监测区以县级行政区域作为发生区与潜在发生区划分的基本单位。县级行政区域内有外来入侵物种发生，无论发生面积大或小，该区域即为外来入侵物种发生区。潜在发生区为已知发生区以外的适生区域。

094 对外来入侵植物进行监测主要包括哪些内容？

对外来入侵植物的监测主要包括对发生区和潜在发生区的监测。

发生区：监测内容包括入侵植物发生盖度（频度）、面积、扩散趋势、生态影响、经济危害等。

潜在发生区：监测入侵植物是否发生。如在潜在发生区监测到入侵植物发生后，应立即调查其发生情况，并按照发生区的监测方法开展调查监测。

095 如何划分外来入侵植物的发生点、发生区、监测区？

发生点：入侵植物植株发生外缘周围 100m 以内的范围划定为一个发生点。如 2 株入侵植物或 2 个入侵植物发生斑块的距离在 100m 以内时为同一发生点。

发生区：发生点所在的行政村（居民委员会）区域划定为发生区范围；如发生跨越多个行政村（居民委员会）的，将所有跨越的行政村（居民委员会）划为同一发生区。

监测区：发生区外围 5 000m 的范围划定为监测区；在划定边界时，若遇到水面宽度大于 5 000m 的湖泊、水库等水域，对该水域一并进行监测。

096 在外来入侵植物发生区和潜在发生区进行定点监测，怎样确定监测点？

在开展监测的行政区域内，依次选取 20% 的下一级行政区域直至乡镇，每个乡镇选取 3 个行政村，设立监测点。如入侵植物发生的省、市、县、乡镇或村的实际数量低于设置标准的，只选择实际发生的区域设立监测点。

097 在外来入侵植物发生区进行监测如何设置监测样地？

根据目标监测对象在监测点危害生境类型，选择典型的有代表性生境设置监测样地，样地大小应根据入侵植物在监测点危害程度确定，单块样地面积大小在1~5亩。如紫茎泽兰在A监测点危害生境主要以荒地为主,在B监测点危害生境主要以草场为主,所以在A监测点的监测样地选择荒地生境,在B监测点的监测样地选择草场生境。

098 选择什么时间对外来入侵植物监测调查?

发生区监测调查:根据的发生区气候特点,结合被监测入侵植物的生长特性和物候期,选择在苗期和开花期对外来入侵植物进行2次监测调查。

潜在发生区监测调查:入侵植物在营养生长期植株相对高大,开花期时花朵有别与其他植物,在这两个生育期内入侵植物表现出来的特征容易被调查人员识别,所以在对潜在发生区进行监测调查时选择入侵植物的营养生长期或开花期进行监测调查较为合适。具体监测时间可根据离监测点较近的发生区或气候特点与监测区相似的发生区中入侵植物的生长特性,或者根据现有的文献资料进行估计确定。

099 外来入侵植物的监测方法有哪些?

发生区:在外来入侵植物发生区进行种群调查、发生面积调查和种子库调查。

①种群调查:一般选择样方法或样线法完成,且在调查方法确定后,在此后的监测调查中不可更改;

②发生面积调查:需根据发生生境的不同,结合当地生境自然条件选择不同的调查方法;

③种子库调查。

潜在发生区:在外来入侵植物潜在

发生区采用踏查、定点调查等方法进行监测调查。

100 在外来入侵植物发生区如何对外来入侵植物种群进行监测调查？

在外来入侵植物发生区监测点，对外来入侵植物的种群监测是选择样方法或样线法调查完成的。

样方法：在监测点选取典型入侵生境设置1~3块监测调查样地，每块样地内采用随机抽样、规则抽样（对角线、Z形、N形、W形）等抽样方法，设置样方数量应≥20个；若目标监测调查对象发生在一些较难监测的生境，样地内可适当减少样方数，但不能低于10个；两样方之间的间距应大于等于5m；样方规格为50cm×50cm（或100cm×100cm），为正方形；对样方内的所有植物种类、数量及盖度进行调查,调查结果按要求记录和整理。此方法适用于外来入侵植物发生面积较大的生境,如草场、林地、湖泊、大型水库等生境。

样线法:在监测点选取典型入侵生境设置1~3块监测调查样地,根据生境类型的实际情况设置样线,样线法方案可为对角线(如菜地、农田等生境)、平行(曲)线(公路沿线、河流、沟渠、小型池塘等生境)、折线(林地、草场、城市绿化带、生活区等生境);样线的长度根据调查样地的大小(面积)确定,一般在20~100m,每条样线平均分为50个等距样点;根据目标监测对象植株生长情况确定样点半径,通常样点半径在5~15cm,样点半径内的植物为该样点的样本植物,调查样点内植物种类及数量,按要求记录和整理。此方法适用于外来入侵植物发生面积较小的生境，如果园、撂荒地、铁路沿线等生境。

101 在外来入侵植物发生区如何对外来入侵植物种子库进行监测调查？

在对外来入侵植物监测过程中，也可采用土壤种子库调查方法。在监测点所确定的样地内，随机选取3个100cm×100cm的样方，在样方内再随机选取面积为10cm×10cm的小样方。对小样方里的土按上、中、下三层进行分层取样，取样深度依次为0~2cm（上层）、2~5cm（中层）、5~10cm（下层）。土样取回后先过筛将凋落物、根、石头等杂物筛掉，然后将土样均匀地平铺于萌发用的花盆里，浇水，定期观测土壤中外来入侵植物种子萌发情况，对已萌发出的幼苗计数后清除。如连续两周没有种子萌发，再将土样搅拌混合，继续观察，直到连续两周不再有种子萌发后结束。

102 在外来入侵植物潜在发生区如何实现对外来入侵植物的监测？

在潜在发生区监测点，采用踏查和定点调查 2 种调查方法实现对外来入侵植物的监测。

踏查：在潜在发生区的监测点（行政村）根据目标监测对象对监测点（行政村）的当地农户、农业技术人员进行走访调查；根据监测点的生境类型，设置踏查方案与路线，根据规定的路线和方案对各生境进行踏查。每年在外来植物的营养生长期和开花期对监测点（行政村）进行监测调查，了解是否有目标监测对象传入监测点（行政村）。

定点调查：在潜在发生区的监测点

（行政村）内，对外来入侵植物容易传入的生境进行重点监测。对港口、机场、粮库、园艺/花卉公司、种苗生产基地、良种场、原种苗圃、水产养殖场、粮食交易市场、畜牧牲畜交易市场、水产品交易市场等有对外贸易或国内调运活动频繁的高风险场所及周边，尤其是与外来入侵植物发生区之间存在种苗、种子、粮食、水产品、植物及植物产品、动物及动物产品等可能夹带种子及繁殖材料的货物调运活动的地区及周边进行定点或跟踪调查。

103 如何计算某一种外来入侵植物的发生面积？

（1）针对发生在农（水）田、菜地、果园、荒地、绿地、生活区、池塘、小型水库等具有明显边界的生境内的外来入侵植物,其发生面积以相应地块的面积累计计算,或划定包含所有发生点的区域,以整个区域的面积进行计算。

(2) 针对发生在草场、林地、铁路公路沿线、江河沿线、河流沟渠沿线等没有明显边界的外来入侵植物,可持定位仪沿其分布边缘走完一个闭合轨迹后,定位仪计算出的面积作为其发生面积,其中,铁路公路的路面,江河河堤的面积也计入其发生面积。

(3) 针对地理环境复杂(如山高坡陡、沟壑纵横,湖泊、大型水库等大型水域),无法实地踏查或使用定位仪计算面积的生境,可使用无人机对发生地进行监测,通过光谱识别、图像处理,计算发生面积。或通过目测法、咨询当地国土资源部门(或测绘部门),获取其发生面积。

104 什么是外来水生入侵植物？

水生植物（Aquatic plant）是生理上依附于水环境，至少部分生殖周期发生在水中或水表面的植物。外来水生入侵植物（Invasive alien aquatic plant）为在当地的自然或半自然水域系统中形成自我维持能力，可能或已经对生态环境、生产或生活造成明显不良影响的外来水生植物。

105 如何对外来水生入侵植物进行分类？

外来水生入侵植物的种类分为漂浮植物（Free-floating plants）、沉水植物（Submerged plants）、浮叶植物（Floating-leaved plants）、挺水植物（Emerged plants)、湿生植物（Hygrophytes）5类。

（1）漂浮植物。根不生长在泥土中，而整个植株漂浮在水面或水中的植物。

（2）沉水植物。整个植株全部固着生活在水面下方的相对大型的水生植物。

（3）浮叶植物。根系生长在泥土中，叶片浮在水面上的植物。

（4）挺水植物。植株的根系生长在水底的泥土之中，茎、叶直立且挺拔于水面。

（5）湿生植物。植株生长在潮湿环境中，根系通常不发达，叶子通常大而且薄，叶片光滑，角质层也很薄。

106 在外来水生植物发生区监测点（行政村），对外来水生入侵植物的监测内容包括哪些？

在外来水生植物发生区监测点（行政村）对外来水生植物的监测内容包括：种群群落指标、生物量、发生面积、水域生境指标、水体理化指标、水文状况、生态影响、经济危害等。对种群群落指标的监测采用样方法或样线法获取。

107 在外来水生植物发生区监测点怎样对生境进行监测？

对外来水生入侵植物生境调查指标包括：水域生境环境、水体理化指标、水文状况、底质类型、环境污染情况等信息。

(1) 水域理化指标。包括对水体 pH 值、透明度、叶绿素、总氮、总磷、水体盐度、化学需氧量的监测。

(2) 水域生境环境。包括水温、经纬度、海拔、水深、水流速度等指标参数的测定。

(3) 水域底质类型。分为淤泥、泥沙、细沙、黏土、粗沙等类型。

(4) 水域水文状况。分为枯水期和丰水期。

(5) 环境污染情况。指调查生境内有无污染源。

108 如何测定外来水生入侵植物单位面积的生物量？

采用收获法测定外来水生入侵植物单位面积的生物量。测定方法为：

(1) 根据外来水生植物在生境样地

内的分布特点,确定采样带和取样方法,样方规格为 1 m²(100cm×100cm),样方数量应大于等于 3 个,样方之间距离应大于等于 5m。

(2) 对于挺水植物和湿生植物,从植物基部割取样方内全部植物,分类,去除枯枝、败叶、杂质,洗净,去除植物多余的水分,对样方内的目标监测植物进行称重,得到监测植物的鲜重。

(3) 对于沉水植物、漂浮植物和漂叶植物,运用水草定量夹收取样方内所有植物,分类,除去杂质、洗净,去除多余水分,对样方内的目标监测植物进行称重,得到监测植物的鲜重。

(4) 对样方内收取的鲜重样品抽取子样品,子样品不得小于样品量的 10%,对子样品进行称重、编号后,置于 105℃鼓风干燥箱中干燥 48 h 或直到恒重,取出称其干重。

（5）根据子样品的干重、鲜重计算样品的干重，计算方法为：

$$样品干重 = 样品鲜重 \times \frac{子样品干重}{子样品鲜重}$$

109 如何评估由于外来水生植物入侵而造成的经济损失？

参照农业行业标准《外来入侵植物监测技术规程 大藻（NY/T 3076—2017）》的规定，外来水生入侵植物的入侵生境和区域的经济损失估算分为直接损失和间接损失两部分，评价外来水生植物生态经济损失指标体系如下：

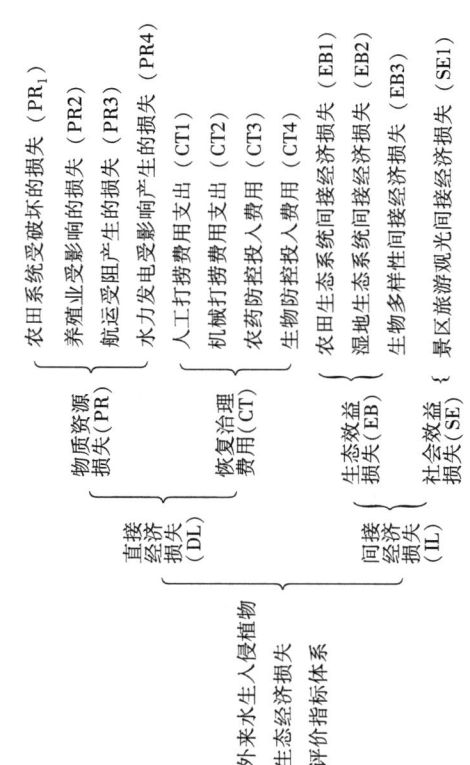

九、安全性评估

110 什么是外来草本植物的安全性评估？

对于已经传入国内定殖的外来草本植物，评估其对当地生态、经济、社会等方面的影响。

111 什么情况下启动外来草本植物的安全性评估？

出现下列情况之一时，外来物种主管部门可直接组织启动外来草本植物全性评估：

①国内无发生区从发生区引入的外

来草本植物。

②国内新发现的自然定殖的外来草本植物。

112 对外来草本植物安全性评估的内容包括哪些？

通过查阅国内外文献资料，收集和掌握拟评估外来草本植物的生物学、生态学特性和发生发展规律等方面的信息，包括分类地位、形态特征、繁殖方式和数量、起源和原产地、生境、生长条件和适应性、扩散途径、危害性、现有分布和潜在分布状况、天敌、竞争物种等内容。从基本情况评估、植物生物学属性评估、繁殖与扩散能力评估、环境危害评估、危害控制评估5个方面对外来草本植物进行安全性评估。

113 怎样对外来草本植物的基本情况进行评估？

对外来草本植物的基本情况评估，是评估外来草本植物在国内的分布情况。评估内容有：

①国内该植物的分布和发生及其危害程度；

②国内对该植物的研究状况；

③国内对该植物的监测和防控实施情况；

④是否被其他国家或地区和组织列入管制名单；

⑤传入途径。

114 怎样对外来草本植物的生物学属性进行评估？

对外来草本植物的生物学属性评估，是对外来草本植物的生活史、遗传特性、耐逆性、致害性等的评估。评估内容有：

①是否传带其他检疫性有害生物；

②遗传的稳定性；

③在多种胁迫环境（干旱、高湿、高温、低温、瘠薄等逆境）中的生长发育情况；

④对人类或动物的健康是否有影响。

115 怎样对外来草本植物的繁殖与扩散能力进行评估

对外来草本植物的繁殖与扩散能力评估内容包括：

①植物的繁殖方式、单株植物的繁殖体数量、繁殖体的萌芽率、种子库种子存活率。

②繁殖体是否具有适应长距离传播的潜力。

116 怎样对外来草本植物的环境危害进行评估？

对外来草本植物进行环境危害评估，是对外来草本植物原产地与拟评估区域的气候环境、生物影响等的评估，评估内容有：

①拟评估植物原产地与评估范围的气候相似性，温度（有效积温、年平均温度、最冷月平均温度、最热月平均温度、最高温度、最低温度）、光照（日照长度）、降水（年降水量、特定的时间降水量）等气候因子。

②拟评估植物的竞争力，能否与本地近缘种杂交，对其他物种是否表现有化感作用。

③评估范围内是否已有限制外来草本植物生存和繁殖的自然因素，已有的天敌、竞争生物等。

117 怎样对外来草本植物的危害控制进行评估？

对外来草本植物的危害控制评估，是对外来草本植物的防治方式和防除难度进行评估，评估内容有：

①检疫难易度；

②防控手段是否多样；

③防控效果是否显著；

④防控成本的高低。

118 怎样建立外来草本植物安全性评估指标体系？应遵循什么原则？

外来草本植物安全性评估指标应具有科学性、重要性、系统性、实用性和可移植性。安全性评估指标体系分为一级指标层（R_i），包括国内基本情况、生物学属性、繁殖与扩散能力、环境与危害、危害控制；一级指标层下设14个二级指标层（R_{ii}）；二级指标层下设指标体系。指标、指标参数及赋值见农业行业标准《外来草本植物安全性评估技术规范（NY/T 3669—2020）》的相关规定。

119 如何确定外来草本植物的安全性评估风险值？

外来草本植物安全性评估的风险指数（R）由一级指标基本情况（R_1）、植物生物学属性（R_2）、繁殖与扩散能力（R_3）、环境适应与危害（R_4）、危害控制（R_5）5个部分组成。R值通过下列公式计算：

$$R = R_1 + R_2 + R_3 + R_4 + R_5$$

根据每个指标的参数及其赋值，给出外来入侵草本植物在本指标下相应分值。一级指标下面所有三级指标体系层所有的分值相加得到一级指标层的指数R_1、R_2、R_3、R_4、R_5。

120 怎样划分外来草本植物安全性评估风险等级？

根据安全性风险指数（R）的大小划分外来植物安全性风险等级为Ⅰ、Ⅱ、Ⅲ、Ⅳ级，分为低、中、高、极高4个级别：

等级	风险指数（R）	级别
Ⅰ	$R<15$	低
Ⅱ	$30>R \geqslant 15$	中
Ⅲ	$60>R \geqslant 30$	高
Ⅳ	$R \geqslant 60$	极高

121 如何对外来草本植物性评估的风险进行管理？

根据外来草本植物安全评估风险级别，提出对外来草本植物管理措施及建议。

（1）安全评估风险等级Ⅰ级。非发生区可以从发生区引入及跨区运输。

（2）安全评估风险等级Ⅱ级。非发生区可适当限制引入；引入、调运、跨区域运输时应采取适当措施，防止逃逸和扩散；采取适当的措施，对发生区的外来草本植物进行控制、监测，防止发生区域的不断扩大。

（3）安全评估风险等级Ⅲ级。非发生区严格控制引入；如非发生区因特殊原因（如科学研究）需要引入时，须主管部门审批；（风险评估范围内的）发生区内的外来草本植物（包括繁殖材料）严禁调运至（风险评估范围内的）非发生区，对可能携带植物、植物产品、土壤等严格进行检验检疫，发现携带者须进行彻底的除害处理方可调运；引入、调运、跨区运输时，应采取足够的措施控制其逃逸和扩散，并进行监测；采取各种有效措施，对发生区的外来草本植物进行扑灭或控制。

（4）安全评估风险等级Ⅳ级。非发生区严禁引入，建议列入管制名单；（风险评估范围内的）发生区内的外来草本植物（包括繁殖材料）以及能够携带的植物、植物产品、土壤等严禁调运至（风险评估范围内的）非发生区；经过非发生区的跨区域运输时要采取严格的防范措施，严格避免可能的逃逸；采取各种有效措施，对发生区内的外来入侵草本植物进行扑灭。

十、外来入侵植物防控

122 对外来入侵植物防治原则和策略是什么？

防治原则：采取"预防为主，综合防治"的原则。加强监测预警，防止向未发生区传播扩散；综合运用各种防治技术，将种群控制在经济损失允许的水平之下，并避免或力求减少对经济和环境的危害，以取得最大的经济效益和生态效益。

防治策略：根据外来入侵植物发生的不同生境及危害程度，结合生物学、生态学特性，因地制宜利用物理、化学和生态措施控制外来入侵植物的发生危害。

123 对外来入侵植物常用的防控技术措施有哪些?

对外来入侵植物的防控技术措施有检疫监测、物理防治、农业防治、生物防治、替代控制、化学防治。

(1) 检疫监测。在外来入侵植物发生区,检疫部门结合区域经济发展状况,加强对各类商品、产品进行产地检疫或调运检疫,是控制外来入侵植物扩散的重要手段。同时建立合理的野外监测点,对外来植物易发生的敏感生境实行重点调查,掌握外来入侵植物的入侵动态,形成完善的监测预警体系。

(2) 物理防治。在外来入侵植物最佳防治时期,通过人工拔除、铲除、刈割、打捞外来入侵植物植株,或利用机械刈割、铲除、打捞外来入侵植物植株，达到集中清除外来入侵植物的目的。

（3）农业防治。利用农田耕作、栽培技术、田间管理措施等控制或减少农田土壤中的外来入侵植物的种子库基数，抑制外来入侵植物种子萌发和幼苗生长、减轻危害、降低对农作物产量和质量损失的防治策略。常用的农业防治措施有轮作、深耕、刈割、施用腐熟的厩肥、水肥管理、合理密植、中耕除草、清除田园等措施。

（4）生物防治。生物防治方法的基本原理是依据有害生物-天敌的生态平衡理论，在有害生物的传入地通过引入原产地的天敌因子重新建立有害生物-天敌之间的相互调节、相互制约机制，恢复和保持这种生态平衡。

（5）替代控制。利用有经济或生态价值的本地植物取代外来入侵植物。需要充分研究本地土生植物的生物学和生态学特性及其与入侵植物的竞争力,掌握繁殖、栽培这些植物的技术要点。

(6)化学防治。利用化学除草剂本身特性,根据对作物和外来入侵植物的不同选择性,筛选合适的化学除草剂,达到保护作物而杀死外来入侵植物的目的。

124 如何对外来入侵植物进行物理防治?

在外来入侵植物最佳防治生育期(花期或苗期),针对不同生境、危害程度,选择人工防治或机械防除对外来入侵植物进行防控。

陆生外来入侵植物(如黄顶菊、少花蒺藜草、紫茎泽兰等):对于点状、斑块状零星发生,种群密度小的生境,可采用人工拔除、铲除进行防控；对于成片状、成带状，发生面积较大，种群密度大的生境（如荒地、轮歇地耕作及人工牧场建设），可在开花期或开花前进行机械铲除或是机械刈割。

水生外来入侵植物（如水葫芦、水花生、大薸等）：在入侵初期阶段，在发生面积和生物量较小时，可采用人工打捞；在发生严重区域及快速生长时期，由于发生面积及生物量较大，可采用机械船进行打捞。

对于拔除、铲除、刈割、打捞的外来入侵植物的植株，应统一做无害化处理（如焚烧、深埋、资源化利用等）。

125 农业防治外来入侵植物的措施有哪些？

对外来入侵植物进行农业防治具有

对作物和环境安全,不会造成任何污染,成本低、易掌握、可操作性强的优点。其主要措施有:

(1) 良种精选。为了达到苗齐、匀、壮,无杂苗的目的,在播种前对种子中的杂草籽、病籽、破籽、秕籽和杂质去除,选留饱满、籽粒大小整齐、无病虫、无杂质的种子。如在大豆播种前挑出易混杂在种子中的豚草、少花蒺藜草等外来入侵植物种子。

(2) 深耕翻土。深耕是防除外来入侵植物的有效措施之一。春季外来入侵植物种子萌发较早,对农田和果园进行20cm以上的深耕可以防除外来入侵植物的幼苗。同时,将土壤表层残存的种子翻埋到深层土壤中,可减少出苗数量。

(3) 中耕除草。中耕除草技术简单、针对性强,除草干净彻底,又可促进作物生长。选择在外来入侵植物出苗高峰期进行中耕除草,就可有效地抑制其扩散蔓延。如紫茎泽兰从5月下旬开始萌发出苗,6月为出苗高峰;少花蒺藜草在辽宁彰武出苗盛期为5月18日至6月18日。

(4) 栽培管理措施。通过增肥、控水等栽培管理措施,提高作物或生境其他植被覆盖度和竞争力,可有效抑制外来入侵植物的生长和危害。同时增肥、控水、刈割等措施在一定的程度下可以抑制外来入侵植物的生长发育。

(5) 清洁田园。农田周边、果园周边、路旁、荒地等生境都是外来入侵植物容易生长的地方,如发现有外来入侵植物要及时铲除,植株晒干后,集中焚烧或作为燃料(紫茎泽兰可用作燃料)、饲料原料(少花蒺藜草在未结刺苞前可用作牛羊的饲草)等;针对农田作物地,选用适当的辅助方法清除枯萎的植株和撒落在土地表面的种子（如在少花蒺藜草入侵过的农田，在播种前用耙地机拖带废旧地毯或其他棉麻织品，收集地表散落的少花蒺藜草刺苞），减少土壤中的种子库数量，收集的植株和种子应集中焚烧或深埋处置。

126 对于外来入侵植物，农民在农艺操作中可采取哪些防治措施？

结合外来入侵植物本身生物学特性，有效地农田操作可达到有效的防治效果。

（1）减少农田抛荒，清洁田园，增加复耕指数，耕作时覆盖地膜或秸秆。

（2）可通过深翻使地下根茎充分暴露在空气中，从而被霜冻和严寒杀死。

（3）结合耕作栽培措施实施薄膜覆盖高温灭草，农事操作中耕除草。

（4）严格控制农田氮肥施用量，特

别是水田中氮肥用量,防止入侵杂草疯长。

(5) 在外来入侵植物散生或零星发生区域,在4~5叶幼苗期连根拔除。

(6) 在大面积发生区,在营养生长旺盛期采用机械防除。

需要注意的是,外来入侵植物危害大、传播速度快,在拔除后需要对植株进行集中无害化处置。

127 如何对外来入侵植物进行化学防治?

利用化学除草剂灭杀外来入侵植物是一种重要的防控手段。但对化学除草剂的选择要考虑到对外来入侵植物的作用,以及对所有可能与除草剂发生直接或间接接触的非目标物种的影响。另外,为确保农药的使用符合环境安全要求

（国家制定的），必须要评估其在环境中的半衰期、传播的方法、减低非目标物种接触的手段等。化学除草剂一般用于对外来入侵杂草（如刺萼龙葵、少花蒺藜草等）、小灌木（如紫茎泽兰等）的防治，对一些高大的外来入侵植物也可以使用化学除草剂进行定向防治，如利用化学除草剂杀灭薇甘菊等。

128 在外来入侵植物发生的所有生境都可以喷施化学除草剂吗？该如何选择和使用化学除草剂呢？

并不是所有外来入侵植物发生生境都适合施用化学除草剂。施用化学除草剂时应考虑到对周围环境、水体等带来的污染。不得给周围作物带来较大的经济损失；在水源保护区等生境一般不推荐使用除草剂等化学防治措施，但对于急需在短时间内恢复入侵植物侵占资源、水面、河道的生境，可采用国家登记在册的高效低毒型除草剂产品进行快速防控。具体除草剂的选择根据防治对象的不同而异，需通过相关试验进行筛选。现阶段已经制定了一些入侵植物（如黄顶菊、少花蒺藜草、紫茎泽兰、水葫芦等）的综合防控技术规范等农业行业标准，规定了对入侵植物的化学防治方法，针对不同生境的不同除草剂搭配及用量、处理时间、处理方式以及注意问题都有具体说明。

129 使用化学除草剂的优点和缺点是什么？为什么有些农户宁愿选择"人工除草"也不施用除草剂？

简单来说，使用化学除草剂的优点为可以省去大量的人力，见效快；但其缺点也比较明显，容易对土壤、周边环境造成污染，对作物产生药害，影响农产品质量，带来了食品安全等问题。农户选择"人工除草"主要是因为除草目标明确，效果好，不存在化学除草剂对作物产生危害问题。

130 怎样对化学除草剂进行分类？

化学除草剂可根据3种分类标准进行分类：

①根据作用方式分类：主要分为选择性除草剂和灭生性除草剂，选择性除草剂如莠去津、精喹禾灵等，灭生性除草剂如草甘膦等。

②根据除草剂能否在植物体内移动：分为触杀型除草剂和内吸传导型除草剂，触杀型除草剂如草铵膦、果尔等，内吸传导型除草剂如草甘膦、扑草净等。

③根据使用方法分类:分为茎叶处理除草剂和土壤处理除草剂,茎叶处理除草剂如精喹禾灵、烟嘧磺隆等,土壤处理除草剂如乙草胺、异丙甲草胺、氟乐灵等。

131 使用化学除草剂防治外来入侵植物的注意事项有哪些?

使用化学除草剂防治外来入侵植物应该注意以下事项:

①选择好对外来入侵植物最佳防治时期。

②对外来入侵植物进行化学防治时,应选择晴朗天气进行,如施药后6小时下雨,应补喷一次。

③如使用草甘膦等灭生性除草剂,注意不要喷施到农作物上,造成药害。

④要避免对居民及周围农作物的影

响，在水体、河流、沟渠防治外来入侵植物时，要选用合适的化学除草剂品种，要考虑可能对水体的影响和污染。

⑤在施药区应插上明显的警示牌，避免造成人、畜中毒或其他意外。

⑥田间应用时，应避免一个生长剂连续多次使用同种药剂，建议不同除草剂轮换使用，保持外来入侵植物对除草剂的敏感性，延缓抗药性的产生和发展。

⑦农作物采收前喷施农药需要特别注意农药的安全间隔期。

⑧未用完的农药要安全存放，农药用完后的包装要妥善处置，不可随意丢弃。

132 如何对外来入侵植物进行生物防治？

对外来入侵植物进行生物防治主要

的是利用其天敌,如昆虫、细菌、动物等来对外来入侵植物进行一定的控制,对生长和繁衍加以一定的阻碍和发展。根本的目的不是在于将杂草全部的清除,而是通过生物防治来干扰杂草的生长和繁衍传播的环境,在一定程度上控制杂草繁衍的数量和危害。如:利用水葫芦象甲治理水葫芦,利用莲草直胸跳甲治理空心莲子草等。

133 利用天敌控制外来入侵植物在实际应用中可能会遇到哪些难题?应该采用什么方法克服?

在利用天敌控制外来入侵植物过程中可能会遇到下列问题:

①由于防控地区位于高纬度地区,冬天气温较低,天敌在该地区不能自然越冬。

②控制外来入侵植物时释放天敌数量较少,通过繁育形成的自然种群数量不足以控制其防控的外来入侵植物的生长危害。

③在养殖天敌时,空间内所食用的植物量不足。

针对天敌控制外来植物过程中出现的问题,解决方法有:

①关于天敌越冬问题,可运用"越冬繁殖技术"解决,在外来入侵植物天敌不能自然越冬和翌年越冬虫量较低的地区,为保证生物防治的可持续性,采取人工繁殖和保育外来入侵植物天敌种群的技术。

②当自然种群不足以控制其防治的外来入侵杂草的生长危害时,可采取"助增释放技术"解决,为提高生物防治效果,从种源地人工采集其天敌并释放到危害地,在采集、包装、运输及释

放过程中需采取系列保护技术。

③空间内所食用的植物量不足时,需要"人工助迁技术"解决,将其天敌转移到外来入侵植物生长旺盛的地方,否则会造成天敌成虫和幼虫的大量死亡。

134 什么是外来入侵植物的替代控制?

替代控制(Replacement control)是根据植物群落演替的自身规律,用有生态和经济价值的植物取代外来入侵植物群落,恢复和重建合理的生态系统结构和功能,并使之具有自我维持能力和活力,建立起良性演替的生态群落。人们常把对外来入侵植物的替代控制技术称为"以草治草"。

135 对外来入侵植物进行替代控制的理论基础是什么?

Grime 理论和 Tilman 理论是对外来入侵植物进行替代控制的理论基础。

(1) Grime 理论。也称为最大生长率理论（The maximum growth rate theory），是从植物的性状和竞争影响角度出发建立的，根据植物生活史的综合性状将植物划分 3 种类型：杂草类（Ruderal）、耐逆境者（Stress-tolerator）和竞争者（Competitor）。杂草类植物常出现在丰饶的扰动环境中，且具高繁殖力和高生长率；耐逆境者常出现在贫瘠的非扰动环境中，并具有低繁殖力和低生长率；竞争者则分布于丰饶的非扰动环境中，常具较低的繁殖力和较高的生长率。理论认为具有最大营养组织生长率

(即最大的资源捕获潜力)的物种将是竞争优胜者。

(2) Tilman 理论。也称为最小资源需求理论(The minimum resource requirement theory),是从种群性状和竞争反应角度出发,利用资源解析模型建立,根据解析模型(方程)将种群动态描述为资源浓度的函数,而资源浓度则描述为资源提供率和吸收率的函数。竞争成功被定义为利用资源至一个较低的水平,并能忍受这种低水平资源的能力。

136 筛选替代植物应该遵循什么原则?

筛选替代植物应遵循的原则为:
①优先选用本地多年生植物;
②生长迅速,生物量大,覆盖性好,竞争性强;
③抗逆性强,耐受化感作用;

④经济性好,具可持续性。

针对上述原则,在选择替代植物时应优先选择本地植物或对本地生态环境及经济不会造成危害的植物,若所选择的替代植物比较理想,是不会对当地生态环境造成危害的,反而在控制入侵植物的同时又能给农(牧)户带来一定经济效益。

137 怎样对替代植物进行筛选?

对替代植物进行筛选的方法有室内生测筛选、盆栽受控实验筛选和田间小区实验筛选。

(1)室内生测筛选。采用培养皿滤纸法,通过入侵植物整株水浸提液对供试植物种子进行发芽试验,根据种子发芽率、发芽速度指数、化感效应指数指标,对供试种子的耐受化感能力进行综合评价。

（2）盆栽受控实验筛选。根据入侵植物和替代植物植株大小选取栽培钵大小，设置试验的单种、混种密度，混种比例，重复数等；测株高、叶片数、生物量等指标，计算生物量防效、相对产量、相对产量总和、竞争攻击力，综合评价替代植物对入侵植物的竞争力。

（3）田间小区实验筛选。根据入侵植物危害程度（覆盖度≥70%，重度危害；70%>覆盖度≥30%，中度危害；覆盖度<30%，轻度危害）分别设置小区试验，每个处理替代植物按不同混种比例（3∶1、2∶1、1∶1）进行种植或移栽。测定植株株高、样方内植株数、生物量、光照强度指标，计算替代防效、相对产量、相对产量总和、竞争攻击力、入侵植物发生率、替代效果、透光率，综合评价替代植物对入侵植物的竞争力和替

代效果。

替代植物的具体筛选评价方法参见农业行业标准《替代控制外来入侵植物技术规范（NY/T 3668—2020）》。

138 对外来入侵植物进行替代控制，如何评价替代效果？

从替代植物对外来入侵植物的控制效果、产生的经济效益、生态效益3个方面对外来入侵植物替代控制效果进行评价。

（1）控制效果评价。评价指标为覆盖度、密度、频度、生物量、土壤种子库。

（2）经济效益评价。根据替代植物的产出（草原牧草类按增加的载畜量，果树类按果品产量，农作物类按农产品产量），结合当年的市场单价计算替代植物的经济效益。

（3）生态效益评价。生态效益评价指标包括土壤养分质量（氮、磷、钾、有机质、pH值）、土壤微生物种群变化（土壤微生物多样性指标）。

替代植物控制效果具体评价方法参见农业行业标准《替代控制外来入侵植物技术规范（NY/T 3668—2020）》。

139 什么是外来入侵植物的资源化利用？

对外来入侵植物的资源化利用就是利用外来入侵植物在新环境下激发形成的抗逆性和抗虫、抗病等超强抗性特点及其易繁殖、生长快等适应能力，积极研究和发现其多途径、多层次开发利用价值，使之更符合人类的需要，达到其在治理过程中的资源转化利用，变被动防治为主动利用。如：对外来入侵植物进行简单加工处理实现饲料化、肥料化、材料化或直接燃烧等方式的粗放低值资源化利用；利用其对环境中重金属的选择性富集作用，用于环境污染治理；利用其含有的抗虫、抗病资源性物质，开发生物农药等，实现其化害为利的目的。

140 对外来入侵植物进行资源化利用有哪些常用方式？

外来入侵植物并不是"有百害而无一利"的，有一些入侵植物是可以"变废为宝"进行资源化利用的，常规的资源化利用方式有：

（1）禽畜饲料。对于粗蛋白质、粗脂肪含量较高，氨基酸种类齐全的外来入侵植物，可以作为家禽、牲畜、昆虫饲料加以利用。如少花蒺藜草的干物质为94.07%，粗蛋白质为17.3%，粗脂肪为2.98%，在营养生长期是很好的牧草饲料；黄顶菊粗蛋白的含量为15%，氨基酸种类齐全，可将黄顶菊植物粉碎作为动物饲料的原料（如鸡饲料），鲜枝叶也可以直接喂食黄粉虫；水葫芦可以与其他饲料原料的复合青贮，加工调制成青贮饲料，同时鲜水葫芦植株也可直接作为蚯蚓的饲料；水花生进行鲜饲或打草浆可以养龙虾、养猪、养奶牛等。

（2）制作肥料。外来入侵植物的植株刈割或打捞后，可沤制绿肥还田，提高土壤肥力。如水花生的腐殖化系数为0.18，是一般绿肥的2~4倍，1公顷施15吨鲜草水花生沤制的绿肥，水稻比常规施肥增产300~450千克/公顷，比施同等量氯化钾多增产150千克/公顷；水葫芦生物量高，可制作有机、无机复合肥，也可以与其他有机物制作优质有机肥和有机-无机复混肥。若用作绿肥有利于增加土壤养分；紫茎泽兰的吸肥能力极强，体内含氮、磷、钾、钙、镁、铁、硫、硅、铜、锌、锰、硼、钼等，可用作绿肥、堆肥原料、沼气肥原料、地面覆盖物、垫圈物、草木灰肥料等；黄顶菊在开花前刈割的植株可以用于沤制绿肥。

（3）制作燃料。外来入侵植物如木质化较高可直接用作燃料，较高含量的木质素和纤维素可经高温分解和碳化后制作成木炭，植株也可以通过发酵制作沼气。如紫茎泽兰生长3年后茎秆就木质化，在缺少燃料的农村可直接晒干后用作燃料。同时由于紫茎泽兰植物体结构疏松，组分与木屑相似，可替代木质和煤质作为制备活性炭产品原材料。而且紫茎泽兰植株还可以通过单独发酵或与牛粪按比例混合发酵处理产生沼气；

水葫芦经过厌氧消化可制得沼气；水花生可风干或晒干切碎后放入沼气池中，掺入人畜粪便，进行发酵气化处理制得沼气。

（4）染料原料。有些外来入侵植物的植株可作为染料的原料。如黄顶菊单一原料可提取制作黄色染料，或黄顶菊与蓼蓝以（10∶1）~（1∶10）不同比例混合做不同绿色染料，或黄顶菊与茜草以（10∶1）~（1∶10）不同比例混合物用作不同的橙色、红色和紫色染料；紫茎泽兰可用来染黄色布料，用紫茎泽兰作染料，染出来的布料不但色彩鲜明，不易褪色，且降低了成本，不会危害人体健康，有驱除蚊虫的功效。

（5）生物农药。有些外来入侵植物体内含有杀虫活性、抑菌和抗病毒物质，可用于制造杀虫剂、杀菌剂等生物农药。如黄顶菊植株中含有噻吩类化合物，黄顶菊甲醇萃取物或提取物对米象、菜蚜、玉米蚜有很好的毒杀效果，对棉铃虫幼虫有拒食活性和抑制幼虫体重增长、延长幼虫发育天数、减轻蛹重、降低羽化率以及化蛹率的活性。同时黄顶菊植株、种子提取物制作成的黄顶菊提取物除草剂乳油对马唐、反枝苋、稗草、藜等杂草具有较好的防治效果；紫茎泽兰精油对米象、玉米象、绿豆象和蚕豆象等多种储粮害虫具有一定的熏杀效果，紫茎泽兰乙醇提取液对柑橘全爪螨、二斑叶螨、痒螨和疥螨有比较好的杀虫活性。同时紫茎泽兰有机溶剂提取液对棉花枯萎病原菌、辣椒疫霉病原菌、苹果腐烂病原菌和水稻稻瘟病原菌能发挥较高的抑制作用；豚草粉对福寿螺有很好的毒杀效果，可制成杀螺剂。

（6）生态环境修复。有些外来入侵植物对重金属有吸附能力，可以用于生态环境修复。如紫茎泽兰有富集铬、镉、铅、锌等重金属的能力,可以作为重金属污染地区的一种理想修复植物;水葫芦根部对水中的银、汞、砷、镉等金属离子和其他的一些有害物质(如含氰物质)具有极强的吸附能力,并能降低生活污水中的 BOD(生化需氧量)值,可用于处理多种重金属污染水体和生活污水。

(7)制作板材。对于木质化程度高,含粗纤维丰富的外来入侵植物,可以用于制作各类人造板材。如在杨木刨花或桦木刨花中按比例加入黄顶菊秸秆可制备刨花板;紫茎泽兰茎秆根可用来制造人造板、高压微粒板和刨花板。

141 如何对外来入侵植物进行综合治理?

将生物、化学、机械、人工、替代

等单项技术融合起来,发挥各自优势,弥补各自不足,达到综合控制入侵生物的目的,这就是综合治理技术。综合治理并不是各种技术的简单相加,而是他们有机的融合,彼此相互协调、相互促进,实现速效性、持续性、安全性和经济性的目标。

142 如何进行生境管理?

(1) 烧除。在特定的环境下,有计划的烧除能够将植被覆盖改变为有利于土著植物种类,从而减低杂草的种群数量水平。

(2) 放牧。

(3) 改变非生物因子。大多数非本土物种的入侵都是由人类对生态系统的干扰引起或促成的,通过改变导致入侵的人类活动可以对入侵物种造成负面影响,缓解或减轻危害。

（4）捕猎和其对非本土物种的利用。

（5）对于外来杂草，可以利用种树和覆盖地表的方法来控制。

当外来物种已被控制或消灭以后，要及时对这些受到干扰地带进行恢复建设。

十一、外来入侵植物根除

143　什么叫外来入侵植物的根除？

外来入侵植物的根除是指采取一定的检疫措施将目标外来入侵植物从一个地区彻底消灭。

144　在什么样情况下可以采用根除技术？

对于新入侵的尚未扩散到大面积的生物，根除措施易于成功。成功地根除入侵物种有 3 个关键的因素：第一，目标物种具有特殊的生物学特性，能够找到有效的防治方法；第二，能长期地提供各种资源用以根除入侵物种；第三，不管是公众还是相关部门都能提供广泛的支持。较早地监测外来物种的动态并迅速地利用各种资源条件全力进行控制，根除一种外来物种并非是不可能的。但是通常，尤其在自然生态系统内，并没有很好地实行监测，而且由于许多外来物种从建立到暴发危害之前有一段较长的时间，也给监测带来了很大的困难。

145 实施对外来入侵植物根除应遵循的程序有哪些？

外来入侵植物根除所针对的主要是进入某一地区，并在所确定地区定殖的外来入侵植物。根除遵循的程序：

（1）国家或省级相关主管部门应根据国际植物检疫措施标准（ISPM）第8号标准确认外来入侵植物已存在，并进行外来入侵植物根除可行性分析,制定根除计划。

(2)根除计划的实施,包括调查、封锁及处理和(或)防治措施以及监测。

(3)在根除计划结束时,必须对有害生物是否已根除进行核实。核实程序应按照计划开始时确定的根除标准执行,并有文字记载的执行记录进行证实。

(4)根除结束后要向社会通报,若确定已根除由官方宣布根除成功;若未获得成功,则应全方位审查根除计划。

146 对外来入侵植物实施根除过程包括哪些?

对外来入侵植物实施根除过程主要由调查、封锁、处理和监测组成。

①调查:充分调查外来入侵植物的

发生分布情况；

②封锁：阻截外来入侵植物扩散蔓延；

③处理：一旦发现外来入侵植物即予根除；

④监测：处理结束后在一定时间内进行动态监测。

147 对外来入侵植物实施根除时应成立根除工作组，工作组的组成成员都包括哪些领域的专家？工作组的任务职责是什么？

根除工作组的组成：外来入侵植物根除工作组成员应包括管理部门人员和从事风险分析、入侵植物防控、植物检疫、农药学、生态学等方面研究的相关专家学者。

根除工作组的任务包括：

①审查、评估管理部门初步形成的根除意见;

②制订根除方案;

③监督根除方案的执行;

④评估各阶段的根除效果是否达标;

⑤在根除过程中定期对根除方案进行审查;

⑥出现可能影响根除进程或根除效果不佳等情况时,对根除方案进行审查,必要时修改根除方案;

⑦核实根除;

⑧撰写根除工作报告。

148 为保证根除工作的顺利实施,外来入侵植物根除工作组应从哪几方面对初步根除意见进行审查?

外来入侵植物根除工作组对初步根除方案的审查包括:风险分析、审查、信息发布。

（1）风险分析。根据收集的外来入侵植物在发生区的传入途径、发生情况、扩散情况、危害情况等资料，发生区的作物布局、气候和土壤等环境特征、需要特别保护的物种或环境、相关内外贸易情况，外来入侵植物的生物学和生态学特征，采取科学的方法进行风险分析，确定外来入侵植物在经济、贸易、生态环境、生物多样性、人畜健康、社会文化等方面的（潜在）影响。

（2）审查。认为不需要实施根除的，由专家组书面提出审查评估意见，报管理部门审核备案，管理部门仍认为需要实施根除的，返回工作组补充资料，重新审查；确认需要实施根除的，上报管理部门，发布信息并开始后续程序。

（3）信息发布。确定实施根除时，应公开并与当地政府、居民、组织、单位等共享相关信息,通过充分宣传,提高公众对根除计划的认识、理解和支持程度,充分利用社会资源、发挥社会各阶层的力量,保障和促进根除计划的顺利实施。

149 外来入侵植物根除工作组对根除计划审查包括哪些内容?

外来入侵植物根除工作组应该从以下几个方面对根除计划进行综合审查、评估根除计划的可行性:

①风险分析确定的目标外来入侵植物的(潜在)影响;

②目标有害植物再传入的可能性;

③可用于根除的现有技术;

④根除区的地理环境、生态环境条件(如承受程度);

⑤根除成本;

⑥根除效益（经济效益、生态效益、社会效益）；

⑦当前的财政政策；

⑧可利用的其他社会资源。

150 怎样执行外来入侵植物根除计划？

（1）调查。调查内容包括界定调查和扩散途径调查；同时根除计划过程中要继续进行监测调查，摸清外来入侵植物发生分布情况，并随时掌握根除计划的实施进度。

（2）封锁。根据监测及疫情分布情况划定疫区。限定需要管制从疫区调出的植物、植物产品或其他物品以防止扩散。省级及省级以上主管部门要将检疫管制要求及时告知相关生产、经营、运输单位，向社会各界发布疫情公告，并定期对实施情况进行核查。在根除计划成功实施之后，按照相关法规撤销疫区。

（3）处理和（或）防治措施。对外来入侵植物进行根除的处理和防治措施包括：

①处理和销毁受侵染的作物；

②对设备和设施予以消毒；

③化学和生物杀虫剂处理；

④土壤灭菌剂；

⑤休耕；

⑥轮作；

⑦种植抗性品种；

⑧铲除、刈割或其他物理防治方法；

⑨大量释放生物防治天敌。

一般情况下以上方法综合使用，在特殊情况下主管机构也可使用法律法规禁用的根除方法。

（4）根除标准。主管机构根据鉴定技术、外来入侵植物的生活周期、生物学特性、气候的影响、处理措施等情况来判断外来入侵植物是否已根除。

151 在对外来入侵植物实施根除过程中能否对根除计划进行修订？

在对外来入侵植物进行根除过程中，可以定期修订根除计划，以便分析和评估收集的信息，核查目标是否实现，确定是否需要更改。审查时间是：

①遇到计划之外、可能影响计划的情况时，随时进行审查；

②按事先规定的间隔时间进行审查；

③计划终止之时进行审查。

审查时应考虑全面，包括成本效益因素以及详细执行情况，以查明原因。然后根据审查结果制定一项新的根除计划，或对原计划进行修订以达到预期的根除目标。

152 对外来入侵植物实施根除完成后,应该怎样对根除效果进行核实?

对外来入侵植物实施根除后,应坚持在铲除地及其周边地带继续进行定期监测和调查,并严格按照有关程序进行监管。由主管机构组织专家根据生物学、生态学特性等评估根除效果。根除信息由国家主管部门备案。

主管机构负责核实是否已达到根除计划规定的技术标准。核实是否根除的最低期限因外来入侵植物的生物学情况而异,还应考虑下列因素:

①检测技术准确性;
②监测技术覆盖面;
③外来入侵植物的生活周期;
④气候影响;
⑤处理的效果。

参考文献

出泽宏,2010. 水葫芦入侵福建的风险评估及其生态经济损失估计[D]. 福州：福建农林大学.

冯玉龙,2009. 增加叶氮向光合机构分配的进化促进外来植物入侵[J]. 中国基础科学,11（4）：32-33.

付卫东,张国良,韩颖,等,2013. 外来入侵植物监测技术规程——刺萼龙葵[S]. 农业行业标准,标准号：NY/T 2530—2013.

付卫东,张国良,韩颖,等,2012. 薇甘菊综合防治技术规程

[S]. 农业行业标准, 标准号: NY/T 2151—2012.

付卫东, 张国良, 宋振, 等, 2016. 水葫芦综合防治技术规程[S]. 农业行业标准, 标准号: NY/T 3019—2016.

付卫东, 张国良, 张宏斌, 等, 外来入侵植物监测技术规程——大藻[S]. 农业行业标准, 标准号: NY/T 3076—2017.

李尉民, 2003. 有害生物风险分析[M]. 北京: 中国农业出版社.

宿忠民, 蒲民, 吴杏霞, 等, 2011. 有害生物风险分析框架[S]. 中国国家标准, 标准号: GB/T 27616—2011.

王福祥, 项宇, 刘可, 等, 2011. 有害生物风险管理综合措施[S]. 中国国家标准, 标准号:

GB/T 27617—2011.

王明娜, 戴志聪, 祁珊珊, 王晓莹, 杜道林, 2014. 外来植物入侵机制主要假说及其研究进展 [J]. 江苏农业科学, 42 (12): 378—382.

熊红利, 朱景全, 王海旺, 等, 2011. 植物有害生物根除指南 [S]. 中国国家标准, 标准号: GB/T 27620—2011.

张国良, 付卫东, 韩颖, 等, 2012. 空心莲子草综合防治技术规程 [S]. 农业行业标准, 标准号: NY/T 2153—2012.

张国良, 付卫东, 韩颖, 等, 2012. 外来入侵杂草根除指南 [S]. 农业行业标准, 标准号: NY/T 2155—2012.

张国良, 付卫东, 李香菊, 等,

2015. 刺萼龙葵综合防治技术规程 [S]. 农业行业标准, 标准号: NY/T 2687—2015.

张国良, 付卫东, 刘坤, 等, 2010. 外来草本植物普查技术规程 [S]. 农业行业标准, 标准号: NY/T 1861—2010.

张国良, 付卫东, 刘坤, 等, 2010. 外来入侵植物监测技术规程——黄顶菊 [S]. 农业行业标准, 标准号: NY/T 1866—2010.

张国良, 付卫东, 刘坤, 等, 2009. 外来植物风险分析技术规程——飞机草 [S]. 农业行业标准, 标准号: NY/T 1707—2009.

张国良, 付卫东, 孙玉芳, 等, 2018. 外来入侵物种监测与控制 [M]. 北京: 中国农业出版社.

张国良, 付卫东, 张宏斌, 等,

2017. 少花蒺藜草综合防治技术规范 [S]. 农业行业标准, 标准号: NY/T 3077—2017.

张国良, 付卫东, 张衍雷, 等, 2015. 外来入侵植物监测技术规程——少花蒺藜草 [S]. 农业行业标准, 标准号: NY/T 2689—2015.

张国良, 2009. 外来生物入侵防治100问 [M]. 北京: 中国农业出版社.

赵彩云, 李俊生, 宫璐, 等, 2016. 生物入侵知识问答 [M]. 北京: 中国环境出版社.

Blossey B, Nötzold R, 1995. Evolution of increased competitive ability in invasive nonindigenous plants: a hypothesis [J]. Journal of ecology, 83 (5): 887-889.

Feng Y L, Lei Y B, Wang R F, et al, 2009. Evolutionary tradeoffs for nitrogen allocation to photosynthesis versus cell walls in an invasive plant [J]. Proceedings of the National Academy of Sciences of the United States of America, 106 (6): 1853-1856.

Hierro J L, Maron J L, Callaway RM, 2005. A biogeographical approach to plant invasions: the importance of studying exotics in their introduced and native range [J]. Journal of Ecology, 93 (1): 5-15.

Keane R M, Crawley M J, 2002. Exotic plant invasions and the enemy release hypothesis [J]. Trends in Ecology & Evolution, 17 (4):

164-170.

Levine J M, Adler P B, Yelenik S G, 2004. A meta-analysis of biotic resistance to exotic plant invasions [J]. Ecology Letters, 7 (10): 975-989.

Lockwood J L, Cassey P, Blackburn H. J. et al, 2005. The tole of propagule pressure in explaining species invasions [J]. Trends in Ecology and Evolution, 20: 223-228.

Ragan M, Callaway, Wendy M, 2004. Ridenour. Novel weapons: invasive success and the evolution of increased competitive ability [J]. Frontiers in Ecology and the Environment, 2 (8): 237-255.

Sakai A K, Allendorf F W, Holt J S,

et al, 2001. The population biology of invasive species [J]. Annual Review of Ecology and systematics, 32: 305-332.

Sax D f, Brown J H, 2000. The paradox of invasion [J]. Global Ecology and Biogeography, 9 (5): 363-371.

Torchin M E, Mitchell C E, Parasites, et al, 2004. Parasites, pathogens and invasions by plants and animals [J]. Frontiers in Ecology and the Environment, 2 (4): 183-190.

Williamson M, Fitter A, 1996. The varying success of invaders [J]. Ecology, 77: 1661-1666.